职业教育规划新教材

哲学与人生

主　审　陈　曦
主　编　冯治国　余国生　万　敏
副主编　阎东云　李　科　朱登商　杨立英

湘潭大学出版社

图书在版编目（CIP）数据

哲学与人生 / 冯治国，余国生，万敏主编． -- 湘潭：湘潭大学出版社，2022.5
ISBN 978-7-5687-0774-9

Ⅰ．①哲… Ⅱ．①冯… ②余… ③万… Ⅲ．①人生哲学 Ⅳ．①B821

中国版本图书馆 CIP 数据核字（2022）第 075845 号

哲学与人生

ZHEXUE YU RENSHENG

冯治国 余国生 万敏 主编

责任编辑：张宝香
封面设计：刘志军
出版发行：湘潭大学出版社
社　　址：湖南省湘潭大学工程训练大楼
电　　话：0731-58298960 0731-58298966（传真）
邮　　编：411105
网　　址：http://press.xtu.edu.cn/
印　　刷：湖南缘溢印务有限公司
开　　本：787 mm×1092 mm 1/16
印　　张：8.25
字　　数：199 千字
版　　次：2022 年 5 月第 1 版
印　　次：2022 年 5 月第 1 次印刷
书　　号：ISBN 978-7-5687-0774-9
定　　价：31.80 元

Preface 前言

人生发展需要哲学智慧的指导，人生内容充实着哲学。为贯彻落实《国务院关于大力发展职业道德教育的决定》的精神，依据教育部最新颁发的中等职业学校《哲学与人生教学大纲》，我们编写了这本《哲学与人生》。本教材的编写，坚持贴近实际、贴近生活、贴近学生的原则，结合中职学生的身心特点和思维发展规律，以中国特色社会主义理论为指导，坚持社会主义教育方向，把帮助学生树立正确的世界观、人生观和价值观贯穿始终，把引导学生如何做人、走好人生路作为落脚点。

本教材根据中等职业教育的特点，结合了中等职业教育的实际情况，内容按照由浅入深的编排方式，既便于教学，又便于学生自己阅读学习，能很好地调动学生的积极主动性，提高教学效果。教材在内容的安排上层次清晰，结构严谨，便于加强对基本概述的理解，从而全面提高中等职业学校学生的综合素质。全书内容由“坚持从客观实际出发，脚踏实地走好人生路”，“用辩证的观点看问题，树立积极的人生态度”，“坚持实践与认识的统一，提高人生发展的能力”，“顺应历史规律的发展，实现崇高的人生价值”，“寻求人生发展的本质，实现人生的全面发展”五个部分组成。

在编写过程中，我们参阅、借鉴了诸多资料，在此，谨向有关作者表示诚挚的谢意！由于时间仓促，加之编者水平有限，书中难免有疏漏及不足之处，恳请各位专家、广大师生及同仁批评指正，以便我们再版时予以完善。

Contents

目录

第一单元 坚持从客观实际出发，脚踏实地走好人生路

学习目标

1. 了解一切从实际出发、正确发挥自觉能动性、物质运动的规律性等辩证唯物论的基本观点；

2. 理解从客观实际出发、尊重客观规律是正确发挥自觉能动性进行人生选择、走好人生路的前提和基础；

3. 把握客观规律，明确人生发展方向，做一个自强不息、勇于行动、善于行动的人。

第一节　客观实际与人生选择

有一位年轻人从小的理想是想当作家，一直坚持每天写作，并不断向当地的报社、杂志社投递自己的作品。就这样坚持了十年，但终因缺乏生活经验和文学基础知识，没有成功发表过一篇文章。但由于他坚持不断地写作，字却越写越好，于是他在杂志社编辑的建议下，放弃了当作家的想法，专心练起了钢笔字。由于他的不断练习，且积累了一定的基础，使他不断长进，最终成了有名的硬笔书法家。

人生处处有选择，每走一步都是选择的结果。不同的选择，会产生不同的结果。成功的人生，在于做出了正确的选择，而失败的人生大都因为做出了错误的选择。想要做出正确的选择，把握住自己的人生命运，就必须从客观实际出发，选择适合自己的人生道路。

一、坚持一切从实际出发、实事求是

中共中央总书记、国家主席、中央军委主席、中央全面深化改革领导小组组长习

近平于2017年3月24日上午主持召开中央全面深化改革领导小组第三十三次会议并发表重要讲话。他强调，各级主要负责同志要自觉从全局高度谋划推进改革，做到实事求是、求真务实，善始善终、善作善成，把准方向、敢于担当，亲力亲为、抓实工作。

辩证唯物主义认为，物质和意识的关系是：物质决定意识，物质第一性，意识第二性；意识对物质具有能动的反作用，正确的意识指导人们采取正确的行动，对事物的发展起积极的促进作用；错误的意识指导人们采取错误的行动，对事物的发展起消极的阻碍和破坏作用。这一基本原理要求我们在实际生活中，必须坚持一切从实际出发、实事求是。

所谓从实际出发，就是根据客观存在的实际情况，决定我们的主观思想和行动。所谓实事求是，就是从客观实际出发，找出事物发展的规律，按规律办事。

坚持从实际出发、实事求是，按照事物的本来面貌去认识事物，这是坚持了唯物论。然而，一切事物都是不停地变化发展的。因此，坚持从实际出发、实事求是，就要反对思想僵化、因循守旧，要用运动、变化、发展的观点看待事物、处理问题。这就是坚持辩证法。坚持从实际出发、实事求是，就是要求在对待事物时把唯物论和辩证法结合起来。

要做到从实际出发、实事求是，就必须要从调查研究入手。要深入实际，到群众中去做调查，掌握大量的、真实的第一手的材料。材料一定要丰富，因为个别少量的材料不足以反映全面的情况；材料一定要真实，因为虚假的材料不仅不能反映实际情况，甚至还会掩盖事实，使认识脱离实际；一定要第一手材料，因为第一手材料是从事实直接得来的，与实际最贴近。不仅如此，对于搜集得来的材料还要作认真的研究。研究要达到两个目的：一是进一步确定材料的真伪和价值；二是从材料中引出路线、方针、政策、计划、方案和办法来，以便去指导人们的实践，实现对客观世界的正确改造。

坚持一切从实际出发、实事求是，既是我们党和国家正确制定路线、方针、政策的前提，也是我们每个人正确认识世界和改造世界的根本立足点。

二、客观实际是人生选择的前提和基础

哲理故事

哲学家柏拉图曾带着他的七个徒弟来到一块麦田前，他对徒弟们说：“你们现在从这块麦地里走过去，挑出一支最大的麦穗，前提是你们只能挑一支且谁也不准回头，如果谁捡到的最大，这块地就归谁。”

“这还不简单！”徒弟们听了，很高兴地说。“好，我就在对面等你们。”柏拉图到麦地的对面等待结果。于是那七个徒弟就从田地里走到对面，最后他们都失败了。原因很简单，那就是他们都以为最大的麦穗在前头，所以一路上总

是匆匆向前，结果到了尽头才知道，其实最大的麦穗自己已经错过——想追求最大却失去最大。

这是一个古老的故事，隐喻着人的欲望永不能满足，以及缺乏明确判断的能力。“贪”是大多数人的毛病。有时候，如果我们只想抓住自己想要的东西不放，特别是现代社会，有些人什么都不愿放弃，结果却什么也得不到。犹如一头要吃草的毛驴，面对左右两边各放着的一堆青草犯了难——先吃哪一堆呢？一直犹豫不决的毛驴守着两堆青草，最后却饿死了。在生活中，人们总喜欢抓点什么——房子、金钱、名利……世界的五彩缤纷，自己却累得精疲力竭。可我们毕竟只是凡人，我们想抓住的太多，而实际能抓住的太少。

生命的过程，就是不断放弃和选择的过程。当我们选择好目标时，就要锲而不舍，以求“金石可镂”。但若目标并不适合自己的发展，或者环境和各种条件不允许，与其蹉跎岁月，徒劳无功，还不如选择放弃，改投别处。班超投笔从戎，鲁迅弃医从文，都是敢于放弃重新选择的楷模。因此，如果能够审时度势、把握时机，放弃也是一种理性的表现，豁达的举动。

哲理故事

有一个小孩，母亲在他玩耍的间隙，拿出一个口琴吹了一首动听的歌曲。他听见后有心要母亲手中的口琴，又舍不得放弃手中的气球。在左右为难之际，母亲停止了吹奏，笑眯眯地看着他。

这时，他做出了选择，毫不犹豫地放飞了气球，然后扑向母亲索要口琴。

这一天，他学会了吹口琴，并且获得了对他一生有深远影响的启示：当人们需要做出选择时，该放弃的就要勇敢地放弃。

之后，他发现自己对音乐的兴趣并不大，于是毅然放弃音乐，选择了自己感兴趣的经济学。将自己全部的精力都放在经济学上，后来成了这一领域的行家精英。1987 年，他被里根总统任命为美国联邦储备委员会主席，他就是艾伦·格林斯潘。

格林斯潘的经历告诉我们，人生的经历，实际上是一个选择的过程，其中有很多需要放弃的。放弃并不意味着我们不再努力，而是将更加专注于我们感兴趣的东西，这样我们才能一步步走向更大的成功。

我们时刻都在“取”与“舍”中选择，我们又总是渴望着“取”，渴望着占有，常常忽略了“舍”。懂得了放弃的真意，也就理解了“失之东隅，收之桑榆”的妙谛。懂得了放弃的真意，静观万物，体会与世界一样博大的境界，我们自然会懂得适时地放弃，这正是我们获得内心平衡、获得快乐的好方法。

生活有时会逼迫你，不得不交出权力，不得不拿出金钱，甚至不得不抛下爱情。你不可能什么都能得到，生活中应该学会适时放弃。放弃会使你豁达、豪爽、冷静、主动，也会让你变得更具有智慧和更富有力量。

然而，放弃并非易事，放弃也需要很大的勇气。面对诸多不可为之事，勇于放弃，是明智的选择。只有毫不犹豫地放弃，才能轻松投入新的生活，才会有新的发现和转机。

三、人生发展的条件

人生的客观实际，还包括个人的主客观条件。这是我们做出人生选择和采取人生行动的根据。人生选择的实现都要受到主客观条件的制约。要走好人生路，不仅要了解自己的体质、学业基础、家庭等客观情况的特点，而且还要考虑到自己的兴趣、性格和能力等特点。这样才能更好地找到自己前进的方向和目标，能更好地发挥自己的长处。不了解自己的实际情况，就不能做出正确的判断和选择，就有可能走弯路。

（一）人生发展的客观条件

1. 要以一定的生产力为基础

20 世纪自然科学领域的巨大成就是相对论的创立、电子计算机的发明及控制论、分子生物学的成就、原子结构和基本粒子的发现与量子力学，其都是建立在当时生产力水平上的，也是由于当时的社会提供了必要的实践工具和手段才能实现的。伽利略能在 1608 年认识到银河是由许多星星聚合而成的，他靠的是望远镜；胡克于 1665 年发现细胞，靠的是显微镜。此外，生产力发展水平的程度也制约着人生发展。瓦特的蒸汽机从设想到实现是因为生产力水平从较低层次发展到较高的层次。

2. 要有一定的社会条件

人所特有的劳动创造力是人生发展的源泉。但是，人的创造力的形成和培养是需要经过学习和训练的，而这种学习和训练的条件又需要社会提供。例如：一个是否良好的家庭环境、社会环境、学校环境、班级环境、工作环境对青少年的人生发展都具有至关重要的影响。总的来说，我国的社会主义制度的建立，为广大人民群众实现人生发展开辟了广阔前景、创造了良好条件，为人们实现人生价值提供了更多保证。

（二）创造人生发展的必要主观条件

1. 要全面提高个人素质

个人素质主要包括思想政治素质、道德素质、科学文化素质、心理素质和身体素质等。它们是相互联系、相互促进、协调发展的整体，是一个人全面发展的有机组成部分。缺少任何一方面的素质，都是不可能实现自己的人生发展的。

思想政治素质对人生发展具有定向和动力作用。我们要提高自己明辨政治是非的能力，坚定正确的政治方向，懂得参与政治生活的行为准则，增强国家、民族、法制和政策观念，从而提高自身的政治素质，使自己的才智得到最大限度的发挥。

道德素质是一个人的道德品质。为人民服务是社会主义道德的核心和集中体现，青少年应适应时代发展的要求，不断加强道德修养，认真遵守社会公德、职业道德和家庭美德，从而实现自己的人生发展。

科学文化素质是实现人生价值极为重要的内在条件。现代社会中，科学文化知识在人生发展中的地位越来越重要。我们必须掌握一技之长，才能在现代社会中立足，把自己培养成社会所需要的人才，才能使自己的人生有更好的发展。

心理素质是实现人生发展的必不可少的重要条件。心理素质是指一个人的情感、意志等心理状况，任何人受到外界刺激都会产生复杂的心理活动。现在的学生大多是独生子女，生活条件优越，人生经历简单。面对家长的殷切期望，面对社会的激烈竞争，心理负担重，容易形成心理障碍，这势必影响他们的正常学习和工作，甚至可能带来不良的社会后果。

身体素质，通常指的是人体肌肉活动的基本能力，是人体各器官系统的机能在肌肉工作中的综合反映。身体素质一般包括力量、速度、耐力、灵敏、柔韧等。

身体素质的发展，对增强人的体质和健康，掌握运动技能，提高运动水平等都有着重要意义。现在的社会充满着激烈竞争，对于即将走上社会工作岗位的中职学生，他们不仅面临提高自身综合素质以适应社会发展的需求，同时要面临社会压力的严峻考验，这样的综合环境和条件对中职学生的体质健康提出了较高的要求。众所周知，身体素质的强弱，是衡量一个人体质状况的重要标志之一。身体素质的发展，对增强人的体质和健康，掌握运动技能，提高运动水平等都有着重要意义。

2. 安心于自己的位置

做人找准自己的位置很重要。如果你一直向上看，就会觉得自己一直在下面；如果你一直向下看，就会觉得自己一直在上面。如果一直觉得自己在下面，那么你肯定是一直在向上看；如果一直觉得自己在上面，那么你肯定是一直在向下看。

目光决定不了位置，但位置却永远因为目光而不同。关键是，即使我们处于一个确定的位置上，目光却仍然可以投往任何一个方向。

只要我们安心于自己的位置，那么周围的一切就会以我们为中心：或是离我们而去，或是冲我们而来，或是绕着我们旋转，或是对着我们静默；如果我们惶惶不可终日，始终感到没有一个合适的位置，那么周围的一切就都会变成主体。

位置本身没有多少差别，但不同位置上的人在审视同一个物体时却往往会有不同的印象。

哲理故事

一条河隔开了两岸，此岸住着凡夫俗子，彼岸住着出家的僧人。凡夫俗子们看到僧人们每天无忧无虑，只是诵经撞钟，所以十分羡慕他们；僧人们看到凡夫俗子们每天日出而作、日落而息，也十分向往那样的生活。日子久了，他们都各自在心中渴望着：到对岸去。

终于有一天，凡夫俗子们和僧人们达成了互换生活的协议。于是，凡夫俗子们过起了僧人的生活，僧人们过上了凡夫俗子们的日子。

没过多久，成了僧人的凡夫俗子们就发现，原来僧人的日子并不好过，悠闲自在的日子只会让他们感到无所适从，便又怀念起以前当凡夫俗子的生活。

成了凡夫俗子的僧人们也体会到，他们根本无法忍受世间的种种烦恼，于是也想起做僧人时的种种好处。

又过了一段日子，凡夫俗子和僧人们各自心中又开始渴望着：到对岸去。

在一个地方待久了，便想去一个新的地方，生命大抵如此。正是因为太熟悉了，也便忽略了它的美。当我们到了对岸，才知道原来我们生活的地方，也是那样的美丽。

在演员的位置上时，就要学会表演；在观众的位置上时，就要学会欣赏。社会是个大舞台，而我们却总是分不清我们到底是在表演还是在欣赏。或许，生活本来就是要我们以观众的心态去表演，以演员的心态去欣赏；或许，这正好能够检验一个人随时调整与适应的能力。

也许只有处在别人的位置上时，才会理解别人，才会留恋自己的位置。一个既不理解别人，又对自己的位置毫不留恋的人，就很难在别人的心目中存留位置。当然，这同时也意味着，任何时候都不要因自己的位置而炫耀自己，任何时候都不要因别人的位置而贬低别人。

处在什么位置上，就在什么位置上寻找意义。

3. 对自己有清醒的认识

“人啊，认识你自己吧。”这是一句刻在古希腊德尔斐神庙中阿波罗神的神谕。老子曾说过一句话：“自知者明。”有两个故事最能说明自知之明的重要性。

哲理故事

森林中，动物在举办一年一度的比“大”比赛。老牛走上台，动物们高呼：“大!”大象登场表演，动物们也欢呼：“真大!”这时，台下角落里的一只青蛙气坏了，难道我不大吗？它一下子跳到一块巨石上，拼命鼓起肚皮，同时神采飞扬地高声问道：“我大吗?”“不大。”台下传来的是一片嘲讽的笑声。

青蛙不服气，继续鼓着肚皮。随着“嘭”的一声，肚皮鼓破了。可怜的青蛙，到死也还不知道它到底有多“大”。

有一位登山队员，一次他有幸参加了攀登珠穆朗玛峰的活动，到了 7800 米的高度，他体力支持不住，停了下来。当他讲起这段经历时，朋友们都替他惋惜，为什么不再坚持一下呢？为什么不再往上攀一点高度，再咬紧一下牙关，爬到顶峰呢？“不，我自己最清楚，7800 米的海拔是我登山生涯的最高点，我一点也不为此感到遗憾。”他坚定地说道。

青蛙不了解自己，受到了命运的惩罚；登山队员了解自己，所以他安然无恙。了解自己，这是一种智慧，是一种美好的境界。

现代人大多数都不了解自己。我们往往在还没有衡量清楚自己的能力、兴趣、经验之前，便投入一个过高的目标——这个目标是比较得来的，而不是了解自己之后定出来的，所以每天会受尽辛苦和疲惫的折磨。

人如果在生活中总是与别人比较，总是希望获得他人的掌声和赞美，博取别人的羡慕，那么，他就会慢慢地迷失自己。一个人成天祈求获得别人的掌声，他的生活必然是空虚的，久而久之，他的生活就变成了负担和苦闷，而不是充实和享受。所以，人贵在了解自己，根据自己的能力去做人做事，那才会拥有真正的喜悦。人们彼此都不相同：有的人聪明；有的人平庸；有的人强壮；有的人羸弱。每个人的性格、能力、经验也各不相同。我们只有依照自己的潜能去发展，才能收获真正的快乐。

俗话说：“旁观者清，当局者迷。”苏东坡在《题西林壁》一诗中也说：

横看成岭侧成峰，远近高低各不同。
不识庐山真面目，只缘身在此山中。

我们自己看不清自己的主要原因，就和“身在庐山”反而看不清“庐山真面目”是一个道理。要使自己对自我有自知之明，还得让自己跳出自我的小圈子，站在旁观者的立场来分析和评价自己。鲁迅先生曾说过：“我的确时时解剖别人，然而更多的是更无情面地解剖我自己。”这样才能对自己有清醒的认识。

我们对自己的了解越明确，所表现的行为将越适合本身的情况，我们的表现也会越自然，越能给旁人一个正确的印象。同时旁人根据那些印象来与我们交往时，将不致引起什么困难。就我们自己来说，对自身有一个明确了解之时，也等于有了一个做人的准绳，尽管在不同的情况之下，我们还能表现颇为一致的姿态与行为模式，别人也知道该怎样和我们来维持适当的关系。

4. 正确评估自己和他人

有的人依仗着自己的才能、学识、金钱等，目空一切、狂妄自大。“狂”其实是不好的，是要不得的，做人如果与“狂”相结合，便会失去人的常态，进而可能产生不文雅的名声。

一般来说，人们称狂妄轻薄的少年为“狂童”，称狂妄无知的人为“狂夫”，称举止轻狂的人为“狂徒”，称自高自大的人为“狂人”，称放荡不羁的人为“狂客”，称狂妄放肆的话为“狂言”，称不拘小节的人为“狂生”……

哲理故事

《三国演义》里有一个祢衡，堪称“狂夫”。他第一次见曹操，把曹营中勇不可当的武将、深谋远虑的谋士，一个个贬得一文不值。他贬低起人来，如数家珍，如“荀可使吊丧问疾，荀攸可使看坟守墓，程昱可使关门闭户，郭嘉可使白词念赋，张辽可使击鼓鸣金，许褚可使牧牛放马，乐进可使取状读诏，李典可使传书送檄，吕虔可使磨刀铸剑，满宠可使饮酒食槽，于禁可使负版筑墙，徐晃可使屠猪杀狗，夏侯称‘完体将军’，曹子孝呼为‘要钱太守’。其余皆是衣架、饭囊、酒桶、肉袋耳”。

祢衡称别人是酒囊饭袋，称自己却是：“天文地理，无一不通；三教九流，无所不晓；上可以致君为尧、舜，下可以配德于孔、颜。岂与俗子共论乎！”更有甚者，当曹操录用他为打鼓更夫时，祢衡击鼓骂曹，扬长而去。对这种人，曹操自然不肯收留。祢衡又去见刘表、黄祖，依然边走边骂，最后被黄祖砍了脑袋，做了个无头“狂鬼”。

狂妄与无知是联系在一起的，“鼓空声高，人狂话大”。举凡狂妄的人，都过高地估计自己，过低地估计别人。他们口头上无所不能，评人评事谁也看不起，总是这个不行，那个也不中，只有自己最好；在他们眼里，自己好比一朵花，别人都是豆腐渣。

有的人读了几本书，就自以为才高八斗、学富五车，无人可比，连现时的文学大家、科学巨匠全部不放在眼里；有的人学了几套拳脚，自以为武功高强、身怀绝技，到处称雄，颇有打遍天下无敌手的气势。然而，狂妄的结局就像祢衡那样，是自毁、是失败。

人们常说：“天不言自高，地不言自厚。”自己有无本事，本事有多大，别人都看得见，心里都有数，不用自吹，更不能狂妄。没有多少人乐意信赖一个言过其实的人，更没有一个人乐意帮助一个出言不逊的人。不论是庄子还是老子，都劝人要以谦抑为上，不可自作聪明地显示、夸耀自己的才能和实力。只有这样，才能不被人妒忌，才能很好地保护自己。

哲理故事

战国时，齐国有个姑娘到了该出嫁的年龄，有两家人同时送来聘礼给这姑娘家，向这姑娘家中提亲。

东面人家的儿子长得又矮又丑，可是家中富有钱财；西面人家的儿子，虽然一表人才，但却家境贫苦。姑娘的父母左右盘算，还是决定不下来，便把女儿唤到堂上，叫她自己拿主意。

父亲见女儿低头红脸，一副羞答答的样子，便说：“你要是不好意思说出口，就袒露手臂表示一下吧，喜欢东家儿子，就袒露右边；爱上西家儿子，就袒露左边。”

姑娘怔了半天，把两边的手臂都袒露出来。

“这是什么意思？”父母惊诧地问。

“我……”姑娘忸忸怩怩地说：“我想在东家吃饭，在西家住宿。”

上述故事我们也能猜到结果：齐国姑娘哪家也得不到。在现实生活中，人必须要

面对现实，根据身边的环境和自己的条件，实际地选择自己的生活。若是不脚踏实地，不切实际地做出选择和行动，那么即使美妙的愿望与追求，最终都将一无所获。

5. 经营自己的长处

人生的诀窍是根据自己的定位经营自己的长处，因为经营自己的长处能给你的人生增值，经营自己的短处会使你的人生贬值。富兰克林说的“宝贝放错了地方便是废物”就是这个意思。在人生的坐标系里，一个人如果站错了位置——用他的短处而不是长处来谋生的话，那是非常艰难甚至可怕的，他可能会在永久的卑微和失意中沉沦。因此，对一技之长保持兴趣相当重要，即使它不怎么高雅入流，但可能是你改变命运的一大财富。选择职业同样也是这个道理，你无须考虑这个职业能给你带来多少钱，能不能使你成名，重要的是，你应该选择最能使你全力以赴、最能使你的品格和长处得到充分发挥的职业，从而把自己安排在合适的位置上，经营出有声有色的人生。

四、从实际出发，选择适合自己发展的人生道路

哲理故事

邓肯上高中时，校长对他的母亲说：“邓肯或许不适合读书，他的理解能力差得让人无法接受。他甚至弄不懂两位数以上的计算。”母亲很伤心，她把邓肯领回家，准备靠自己的力量把他培养成才，然而邓肯对读书却不感兴趣。

一天，当邓肯路过一家正在装修的超市时，他发现有一个人正在超市门前雕刻一件艺术品，邓肯产生了兴趣，他凑上前去，好奇而又用心地观赏起来。不久，母亲发现邓肯只要看到什么材料，包括木头、石头等，必定会认真而仔细地按照自己的想法去打磨和塑造它，直到它的形状让他满意为止。母亲很着急，她不希望儿子玩弄这些而耽误学习。

邓肯最终还是让母亲失望了，没有一所大学肯录取他，哪怕是本地并不出名的学院。母亲对邓肯说：“你已长大，走自己的路吧！”

邓肯知道他在母亲眼中是一个彻底的失败者，他很难过，决定远走他乡去寻找自己的事业。

许多年后，市政府为了纪念一位名人，决定在政府门前的广场上置放名人的雕像。众多的雕塑大师纷纷献上自己的作品，最终一位远道而来的雕塑大师的作品获得了市政府及专家的认可。

在开幕式上，这位雕塑大师说：“我想把这座雕塑献给我的母亲，因为我读书时没有达到她期望中的成功，我的失败令她伤心失望。现在我要告诉她，大学里没有我的位置，但生活中总会有我一个位置，而且也是成功的位置。我想对母亲说，希望今天的我至少不让她再次失望。”

这个人就是邓肯。在人群中，邓肯的母亲喜极而泣，她终于明白自己的儿子不笨，只是当年她没有把他放对位置而已。

如果你已经选好了要走的路，那就勇敢地走下去吧！你总会找到属于自己的舞台。

明确想要的结果，做出对的选择。成功是一种选择，你选择了奋斗和坚持就是选择了成功，而不做出选择便是选择失败，所以失败也是一种选择。

人生不过是一连串选择的过程，从你早上起来要穿哪一套衣服出门开始，你就在选择；中午要去哪里吃饭，你又在选择。女孩子有众多的追求者，在考虑结婚的时候，到底是哪一位男士比较适合自己，这需要选择；男士找对象时也需要从女孩子中选择。选择有大有小，但每日、每月所有累积的选择会影响你人生的结果。

一个选择对了，又一个选择对了，不断地做出对的选择，到最后便产生了成功的结果；一个选择错了，又一个选择错了，不断地做出错的选择，到最后便产生了失败的结果。若想有一个成功的人生，我们必须降低错误选择的出现概率，减少做错选择的风险。这就必须预先明确你人生中想要的结果是什么，为这个结果而做出所有的选择。明确你人生想要的结果是什么，这本身又是一个选择。

哲理故事

有一天，一只鸡啄来啄去满地寻找食物，它要给自己和自己的孩子寻找可以填饱肚子的东西。突然间，它从一堆废弃的树叶中发现了一颗珍珠，它惋惜地说："如果你的主人找到了你，他会非常高兴地把你捡起来，把你当成宝贵的财富，可我要寻找的是米粒，而不是你，对于我来说，你毫无用处，一文不值啊！世界上所有的珍珠，都不如一颗米粒对我有吸引力。"

一只精明的猎狗在森林里寻找主人打下来的猎物，在偶然间看到了一袋黄金。它跑上前去嗅一嗅，懊丧地说："哎，我还以为找到了主人打下来的猎物呢！不过，我相信主人肯定会非常喜欢，说不定他一高兴就每天赏赐我几根骨头呢！"猎狗这样想着，叼起那个口袋跑到主人身边。

"你真是太伟大了！我要用其中的一块黄金给你配一身最好的行头！"主人抚摸着猎狗说。

猎狗连忙恳求道："不，如果您不介意的话，我想每顿享用几根骨头。"笑逐颜开的主人爽快地答应了，猎狗从此每天都可以吃到骨头。

人生充满了选择，我们在选择之前，首先要弄明白自己内心真正需要的是什么，而不是漫无目的地瞎猜乱选。那样，才能很好地把握自己的人生。

有的人希望身体健康、更强壮，但他总是说他没有时间运动，导致身体虚弱，这是他的选择，因为他明明可以抽出时间来运动。

有的人希望人际关系更好，但他总是说他朋友少，这也是他的选择，因为他可以让自己多交一些朋友，但他不愿去花时间；有的人希望赚更多的钱，但他总是抱怨收入不够多，他明明可以更努力地去赚更多的钱，但他却不努力，这是他的错误选择。

哲理故事

一只秃鹰飞过王宫看见王宫中的一只黄莺十分受到国王的宠爱，于是就问黄莺："你是怎么得到国王宠爱的？"

黄莺回答说："我到王宫后，国王非常喜欢听我唱歌，就经常拿珍珠来打扮我。"

秃鹰听了，心中很是羡慕，它想："我也应该学学黄莺，这样说不定国王也会喜欢上我的。"于是它就飞到国王睡觉的地方开始叫起来。正好国王在睡觉，听了秃鹰的叫声感到十分恐怖。就叫属下去看看是怎么回事。属下禀报说是秃鹰在叫。国王感到十分愤怒，就吩咐手下去把秃鹰抓来，并命令拔光秃鹰的羽毛。

秃鹰浑身疼痛、满是伤痕地回到鸟群中，它恼羞成怒，到处对别的鸟儿说："这都是黄莺害的，我一定要报仇。"

正确进行人生选择，走好人生路，也要从客观实际出发。人生实际既包括现实世界的实际，也包括人自身条件的实际。人生不同阶段有不同的实际。我们做任何事情，都要从实际出发，符合自身和社会现实条件。

第二节　物质运动与人生行动

哲理故事

中职毕业生冯思勇，曾在中职学校技能大赛中获得车身涂装三等奖。毕业后他勇敢地选择了自主创业，成立了一家汽车维修中心。创业之初，由于没有知名度，也没有长期固定的客户，经营遇到了困难。但他并不气馁，而是依靠娴熟的技术、舒心的服务以及良好的信誉，带领员工逐步在本地区的汽车修理市场树立了良好的声誉。经过一段时间的打拼，当年的营业利润超过了100万元。一路走来，他深刻体会到：人生只有拼出来的精彩，没有等出来的辉煌。

人生必须敢于行动，才能有机会生存和发展，只有付诸行动，梦想才有机会能实现。人生必须善于行动，才能有机会创造出成功的人生，因为只有遵循规律才能有好的行动效果，才能脚踏实地走好人生路。

一、积极行动实现人生发展

（一）人生发展不能光说不动

"今日事，今日毕"的理念告诉我们不要拖延时间，不要找借口。很多知名企业都把“今日事，今日毕”的理念放在自己的企业文化中。海尔集团老总张瑞敏发明一套管理方法叫“OEC”，即“日事日毕，日清日高”——每天的工作每天完成，每天工作要清理并且每天的工作质量都要有所提高。

有的人，总是停留在计划和想象之中，让自己的愿望在拖延中付诸东流。中国古代曾有一首著名的《明日歌》：“明日复明日，明日何其多，我生待明日，万事成蹉跎。”“明天吧，明天再说”，“明天再做也来得及”，这是人们对自己的拖延行为最常用的理由。

在生活中，每个人都有自己的目的和理想。如何才能把自己的目的和理想转化为现实呢？不同的人有不同的选择。但是，无论做出什么样的选择，都需要我们为此付出努力，付出实际的行动。如果光说不做，只是停留在想象中，只是说大话，而不付出实际的行动，那么，任何目的和理想都不可能转化为现实。

哲理故事

战国时期，很会打仗的赵国大将赵奢有一个儿子叫赵括，从小熟读兵书，张口喜谈军事，别人往往说不过他，他自以为天下无敌。然而赵奢却很替他担忧，认为他不过是纸上谈兵，并且说：“将来赵国如果用赵括为将，他一定会使赵军遭受失败。”果然，公元前260年，秦军又来犯，赵王上当受骗，派赵括替代了廉颇。赵括自认为很会打仗，到长平后完全改变了廉颇的作战方案，以致40万赵军全军覆没，赵国从此一蹶不振，直至灭亡。

人生行动决定人生发展。每一个人的人生都是由一连串的行动构成的。目的和理想都需要通过自己的行动才能实现。行动是人运用自己的体力和智力实现目的和理想的过程，是使用现实的物质力量改变对象的过程，也是人的内在精神、道德力量的展现过程。

（二）运动是物质的存在方式

行动是人所特有的运动形式。其实，世界上的一切事物都是运动的。任何物质都在运动之中，从宏观世界到微观世界，从无机界到有机界，都处于永不停止的运动变化之中。任何事物都只能在运动中存在和发展，都处于不断的运动变化之中。不运动的物质是根本不存在的。

哲学上所讲的运动，是指宇宙间一切事物、现象的变化和过程。世界上所有的事物都有自己的运动形式，不同的物质有不同的运动形式。不同的运动形式既相互区别，又相互联系，并依据一定的条件相互转化。恩格斯依据19世纪时科学发展的水平，按照从低级到高级、从简单到复杂的顺序，把物质运动归结为机械的、物理的、化学的、生物的和社会的五种基本运动形式。低级运动形式是高级运动形式的基础，高级运动形式又包含着低级运动形式。

一切事物都是运动的。有些事物的运动是明显的，人们可以直接感觉到，如奔驰的汽车、流动的河水、划破夜空的流星等。有些事物的变化是非常缓慢的，人们不容易觉察到，例如，我们穿的衣服，刚买回来时崭新、完好，随着我们一次又一次的穿着、洗涤，衣服慢慢变得破旧，布料的纤维在岁月的侵蚀下变得微小，色彩不再鲜艳，布料也不再平整，但是这样的变化是不易察觉的，是循序渐进的。还有些物体虽然运动速度快，但距离我们遥远，或者是物质本身太小，我们也不容易感觉到。恒星在我们肉眼看起来是不动的，其实不然，如织女星和牛郎星，就分别以每秒 14 公里和 26 公里的速度飞奔。微观世界的原子、分子等基本粒子同样是在不停地运动中，许多粒子从出生到“衰变”，只有几百亿分之一甚至几万亿分之一秒，运动速度非常之快。

运动和物质是不可分的。一方面，运动是物质的固有属性和存在方式，物质都是运动的物质，没有不运动的物质。这说明运动是普遍的、永恒的和无条件的，因而是绝对的。物质运动也有某种静止的状态和稳定的形式，但这种静止和稳定总是暂时的、有条件的，因而是相对的。另一方面，运动是物质的运动，没有脱离物质的运动。凡是运动，都有物质作为它实在的基础和承担者，没有物质的运动和没有运动的物质都是不可思议的。

物质的运动是在时间和空间中进行的。时间和空间是运动着的物质存在的基本形式。任何物质运动都要经历一定的时间和占有一定的空间，物质的运动必须以时间和空间为条件。

时间是指物质运动过程的持续性。时间的特点是一维性或不可逆性。这是指时间只有从过去、现在到将来一个方向，总是沿着单向前进，去而不返，不可逆转。空间是运动着的物质的广延性。空间的特点是三维性，即任何物体都有长、宽、高三个方向。通常人们又把时间和空间联结起来，称之为四维时空。

物质在运动中存在和发展，人也一样在运动中存在和发展。作为物质发展的最高产物，人生的运动有着不同于其他事物的运动形式。人生是在一定的社会关系中有意识有目的地改变世界的过程。我们把人的这种自觉的有目的的运动过程，叫作人的行动。

人的存在和发展都离不开人生行动。人在行动中塑造自己，在行动中获得发展，在行动中实现人生理想和人生价值。不存在不行动的人生。

作为现实的物质运动的特殊形式，人生行动是以人的生命运动的时间为尺度的，即人生行动既需要社会的条件，也需要有生命运动的基础。我们应该珍惜自己的生命，珍惜人生的有限时间，积极行动，立即行动。

（三）人生贵在立即行动

立即行动，是对自己生命的珍惜。人生行动是在生命运动的时间和空间范围内进行的。“知一句便行一句，此力行之事也。”人生是短暂的，要在有限的时间里，实现自己的人生理想，就必须立即行动，不能把自己的目标和理想停留在口号上。

要立即行动，就要敢于行动，不怕失败。有行动，就会有失败，就会有挫折。失

败和挫折是每个人成长的必经之路。害怕失败、挫折而放弃行动，实际上就是放弃了自己的人生，将会是一事无成。

成功者必是立即行动者。对于他们来讲，时间就是生命，时间就是效率，时间就是金钱，拖延一分钟，就浪费一分钟。只有立即行动才能挤出比别人更多的时间，比别人提前抓住机遇。不要给自己留退路，说什么“以后还有机会”“时间还比较充裕”。立即行动，使你保持较高的热情和斗志，能够提高办事的效率，拖延只会消耗你的热情和斗志。

敢于行动，就要做到选择决断之勇、克服困难之勇和坚持到底之勇。一个没有勇敢精神的人，必将一事无成。只有积极进取、敢于行动，人生才能发展，人生之路才能不断延伸。

敢于行动，还要求我们做到善于行动，即发现事物运动的规律，掌握行动的方法，才能使行动获得成功。

二、把握客观规律、善于行动

（一）敢于行动不等于成功行动

敢于行动不等于成功行动。行动成功要有明确的行动目的，有恰当的行动方法和行动的条件。无视行动的这些条件，单凭勇气和胆量不能取得真正的成功。敢于行动并非一味地冒险蛮干，盲目行动而不顾客观规律，这样的行动只能是失败的行动，结果只能是事与愿违。

要实现成功行动，就要善于行动，就要从客观实际出发，善于寻找做事的方法，善于发现事物运动的规律。盲目的行动，无视客观实际和客观规律、仅凭主观意志的行动，不仅无法实现人生的目的和愿望，而且还会阻碍人生发展。

哲理故事

20 世纪初，在美国西部落基山脉的凯巴伯森林里生活着大约 4000 只鹿。鹿的天敌是狼，它们总在寻找机会对鹿下毒手。为了保护鹿，周围的居民开展了打狼运动。最终，森林里的狼被斩尽杀绝，凯巴伯森林从此成了鹿的王国，很快，鹿的总数就超过了十万只。但是好景不长，由于牧草有限，加上鹿体质下降，疾病蔓延，一大批鹿冻饿而死，鹿的数量大减。到 1942 年，凯巴伯森林只剩下了 8000 只病鹿。

人们没有想到，狼居然是森林和鹿的“功臣”。它起着择优汰劣、限制鹿群数量、防止“鹿口爆炸”，驱赶鹿群奔跑跳跃、保持生机的作用。没办法，人们又实施了“引狼入室”计划，森林中又焕发了勃勃生机。

（二）物质运动是有规律的

事物的运动都是有规律的。所谓规律，就是事物运动过程中固有的、本质的、必然的、稳定的联系。

规律是客观的，是不以人的意志为转移的，它既不能被创造，也不能被消灭。规律是普遍的，自然界、人类社会和人的思维，在其运动变化和发展的过程中，都遵循其固有的规律。没有规律的物质运动是不存在的，没有规律的世界是不可思议的。

一只蝴蝶在茧子中苦苦挣扎，想要冲破茧子，出来飞翔，可是它努力了一次又一次还是没有成功。这时，有人找来了一把剪刀，轻轻剪开了茧子，蝴蝶轻而易举地就出来了。可是它的翅膀却可怜地耷拉在肥胖的身体两侧，怎么也飞不起来。很快，那只蝴蝶就失去了生命。原来，破茧而出的痛苦是蛹变成蝴蝶必须经历的过程。在一次又一次的破茧努力中，它身体的体液会挤压到翅膀中，帮助它成为一只真正能飞翔的蝴蝶。破茧是幼虫成蝶的必经阶段，这是其自身的运动规律。人的成长过程也有规律，也需要在成长过程中经历各种挫折和痛苦，才能变得成熟起来，才能健康地成长。

知识拓展

规律与日常生活中我们所说的规则是两个不同的概念。二者的区别表现在：一是含义不同，规则是根据人们需要制定的、大家共同遵守的制度或章程；规律是事物运动过程中固有的、本质的、必然的、稳定的联系。二是性质不同，规则是主观的，它以人们的主观需要为转移，人们可以制定、废除或修改它；规律是客观的，存在于人的意识之外，人们不能创造它、消灭它或改造它。不过，一个正确的规则总是依据客观规律制定的，是对客观规律的反映。

人生行动作为物质运动的高级形式也是有规律的。人生行动的基本要素有：行动的主体、行动的对象和行动的手段。人生行动的主体是人自身。人生行动的对象是自然界和人类社会及人自身。人生行动的手段是人自身的智力和体力。自然界、人类社会及人自身在其运动变化和发展的过程中，都遵循着固有的规律。

不同的行动对于人的体力和智力的要求也不同。例如，体操运动对于人身体的平衡性、柔韧性、灵活性要求极高，所以，一般情况下人在 20 多岁以后就不再适合参加体操的竞技运动了。而棋类活动则对思维能力要求比较高，对身体的平衡性、柔韧性、灵活性的要求则不高，所以，只要自身的体力能够支持，从事棋类活动一般不会受到年龄的限制。

规律可以被人所认识和利用。人要想通过行动达到自己的目的，实现人生理想，就必须努力探索、认识和把握人生行动规律，并以此作为自己的认识指南和行动向导。

（三）把握规律，善于行动

人生行动要以把握客观规律为前提。行动的方法是否科学，行动能否成功，关键是要遵循客观规律。人生行动要遵循和利用客观规律，要找到科学的方法，才有机会能取得成功。

我们要善于行动，就要把握规律，掌握方法，学会做事，克服盲目性。

1. 做任何事情都要确立目标

确立目标是成功的起点。目标会使“理想的我”与“现实的我”相统一。

中职生如果能及时对自己未来的职业生涯做好规划，选择好目标，每一天的学习生活就会更有动力，这样才能够通过学习获得知识，通过实践锻炼能力。

2. 做任何事情都要有准备

行动必须要先去思考。凡事预则立，不预则废。所谓预就是指要有计划，就是做事情要有准备，准备要精心、周到，包括对对象的理解、做事情的条件、实现目标的途径和方法等。不能仅凭一时的情绪和热情，盲目地行动。我们的行动有时需要快捷，有时则需要谨慎和缓慢，有时需要我们主动地去做，有时则需要我们等待时机。所有这些都需要把自己的行动建立在客观实际的基础上，才有可能处理好、把握好。

3. 做任何事情都要有顺序

要养成按照一定规律顺序做事的习惯。自然事物有顺序，社会生活有顺序，人的行动也有顺序。顺序就是要根据事情的轻重缓急，分清时间的先后，在一定的时间内做一定的事情。行动要受到时间的约束，所以要守时，要珍惜时间，要按照时间顺序做事情。

4. 做任何事情都要有始有终

行动要一步一个脚印地去做。人不可能一下子就把所有事情都做完。一口吃不出胖子来。路要一步一步去走，事情要一件一件去做。有好的开始是很重要的，能坚持下去、有好的结果则更为重要。

哲理故事

古希腊哲学家苏格拉底有一天对学生们说：“今天我们只学一件最简单也是最难做的事，每个人把胳膊尽量往前甩，然后再尽量往后甩。”说完，他做了一遍示范：“从今天起，每天做 300 次，大家能做到吗？”学生们都笑了，认为这么简单的事有什么难的呢。

一个月过去了，苏格拉底问学生：“有谁坚持每天甩手 300 次了？”话音刚落，90％的学生都举起了手。

又过了一个月，苏格拉底又问他的学生，这次有 80％的学生举起了手。

以后每过一个月，苏格拉底都会问一次，每次举手的人数越来越少。

一年过去了，苏格拉底问："最简单的甩手动作，还有谁在坚持呢？"这次举手的只有一个学生，他就是后来成为古希腊另一位哲学家的柏拉图。

人生行动是做人和做事的统一。专业领域的规律是我们学习专业技能的内容之一，也是为了我们将来更好地做事，实现事业的成功。我们在人生行动中要善于认识和把握规律，遵循并利用规律，会干、巧干，才能把工作做好，才能达到预期目的。

第三节　主观能动与人生发展

一、规律

（一）规律的含义

什么是规律？规律是事物运动过程中固有的、本质的、必然的、稳定的联系。

第一，任何规律都是事物运动过程本身所固有的联系。规律不是人们从外部强加于客观事物的，不是人们的意识所赋予的。规律的存在和发生作用不以人的意志为转移的。

第二，任何规律都是事物运动过程中的本质联系。本质联系是指客观事物的内部联系，深藏在事物的内部，运用抽象思维才能揭示出来；它不同于现象之间的联系，现象是事物外部的表面的联系，人的感官可以直接感知。现象是人们认识规律的向导，人们只有认识了现象，借助抽象思维才能揭示规律。

第三，任何规律都是事物运动过程中的必然联系。必然联系是指事物变化发展过程中确定不移、必然如此、不可避免的联系。偶然联系是指事物变化发展过程中，可以出现也可以不出现，可以这样出现也可以那样出现的不确定的联系。

第四，任何规律都是变动不定的现象中相对稳定的联系。物质运动过程中的各种联系是极为复杂且经常变化的，而规律则是这种复杂变化联系中的确定的、不变的、一定如此的联系。规律的稳定性也表现为它的重复性、普遍性。

（二）规律和规则的区别

现实生活中，我们常常会遇到规律和规则，规律和规则是有很大的区别，我们不能把规则当作规律。首先，规则是根据人们需要制定的、大家共同遵守的制度或章程。其次，规则是主观的，人们可以制定、废除或修改它。而规律是客观的，人们不能创造它、消灭它或改造它。所以，一个正确的规则总是依据客观规律制定的，是对客观规律的反映。

（三）规律的属性

规律的属性包括客观性和普遍性。首先规律的客观性，即规律是客观的，是不以人的意志为转移的，它既不能被创造，也不能被消灭。规律的普遍性，表示规律是普遍的，自然界、人类社会以及人自身在其运动变化和发展的过程中，都遵循着固有的规律。规律的客观性和普遍性，要求我们要按规律办事，才能达到预期的效果，取得成功，反之，违背规律，就是受到相应惩罚，导致失败。

（四）规律是可以认识和利用的

规律是客观存在的，规律的存在和作用不以人们的主观意志为转移的。人们既不能“创造”“制定”规律，也不能“消灭”“改造”规律。当然，这丝毫不意味着人们只能消极地顺从规律，听任规律的摆布。人们能认识规律并能利用规律。人们在实践中，可以认识或发现客观规律，并用这种认识指导实践，即利用客观规律来改造自然，改造社会，为社会谋福利。例如现在的高温大棚，可以让我们在寒冷的冬天吃到本该夏天成熟的水果和蔬菜。虽然反季节的水果和蔬菜争议很大，但是这也是我们利用规律的一个很好例子。

二、主观能动性

（一）主观能动性的含义

人的主观能动性又称为自觉能动性，是指人类所特有的能动地反映世界和改造世界的能力和作用。具有自觉能动性是人特有的能力，是人区别于动物的根本特点。

动物之于自然，只知道索取和利用，而人则有很大的不同。正如马克思所说：“蜘蛛的活动与纺织工的活动相似，蜜蜂建筑蜂房的本领使人间的许多建筑师感到惭愧。但是，最蹩脚的建筑师从一开始就比最灵巧的蜜蜂高明的地方，是他在用蜂蜡建筑蜂房以前，已经在自己的头脑中把它建成了。”

（二）主观能动性的具体表现

第一，人的主观能动性表现在人能动地反映世界，也就是认识世界。人在实践中，不仅能够认识事物的外部现象，还能通过抽象思维活动认识事物的本质和规律；不仅能够认识现存的事物，还能在头脑中构想出尚不存在的事物和观念，预测事物未来发展的趋势。

第二，人的主观能动性表现在人能动地改造世界。在人类的实践过程中，能够把客观规律、思想、计划和方案等观念用于指导实践。用创造性的活动改造世界，达到预期的目的。

第三，人的主观能动性表现为在认识和改造世界的实践中所具有的精神状态，即通常所说的决心、意志、干劲等。积极主动的进取精神、吃苦耐劳的牺牲精神、百折不挠的坚强意志、孜孜不倦的务实态度，都是人的主观能动性的表现。这些精神状态贯穿人们认识世界和改造世界的活动之中，对这些活动的导向与选择、激发与抑制、控制与调节有着巨大影响。

三、客观规律与主观能动性的辩证关系

客观规律和主观能动性是辩证统一的关系，具体表现如下：

（一）尊重客观规律是正确发挥主观能动性的基础和前提

因为规律是客观的，客观规律始终制约着人的自觉能动性的发挥。所以，我们要尊重客观规律，从客观实际出发，来发挥自己的主观能动性。

（二）发挥主观能动性是认识和利用规律的必要条件

正因为客观规律制约人的主观能动性，才更需要发挥人的主观能动性来认识规律、把握规律、最终利用规律，在这个过程中都是需要发挥主观能动性才能实现的。

（三）尊重客观规律与发挥主观能动性进行有机的结合

客观规律和主观能动性是辩证统一的，必须把尊重客观规律与主观能动性进行有机地结合起来。这样可以防止两种错误倾向：第一种是不尊重客观规律，片面夸大主观能动性的唯心主义观点；第二种是夸大客观规律的制约作用，放弃发挥主观能动性的悲观失望、无所作为的观点。

哲理故事

古时候，有个人希望自己田里的禾苗长快点，天天到田边去看。可是，一天、两天、三天，禾苗好像一点也没有长高。他就在田边焦急的转来转去，自言自语地说："我得想个办法帮它们长。"一天，他终于想到了办法，就急忙跑到田里，把禾苗一棵一棵往高里拔。从中午一直忙到太阳落山，弄得精疲力尽。当他回到家里时，一边喘气一边对儿子说："可把我累坏了，力气没白费，禾苗都长了一大截。"他的儿子不明白是怎么回事，跑到田里一看，发现禾苗都枯萎了。

四、人生的存在和发展都是主观能动性的过程

（一）人生是主观能动的过程

人生是在一定社会历史和环境条件的基础上，能动的、创造性的生活过程；人生是用自己的智力和体力去认识环境、改造环境、创造物质财富和精神财富，主动地生存和发展的过程。所以，主观能动性的发挥对人生的发展起着非常重要的作用。只有正确发挥主观能动性，才能走好自己的人生之路。

哲理故事

被称为“宇宙之王”的著名科学家史蒂芬·霍金在自己完全瘫痪，被长期禁锢在轮椅上的情况下，面对常人难以想象的艰难，仍然孜孜不倦的探索宇宙的未知世界，勇敢顽强的挑战命运，为科学事业作出了重要贡献的故事，给人以强烈的震撼，感人肺腑。

霍金21岁就能在世界一流名校——剑桥大学读研究生，但是，命运没有垂青这位风华正茂的年轻人，卢伽雷氏症让他完全瘫痪，只能禁锢在轮椅上。之后，肺炎又剥夺了他说话的权利。疾病让他身体彻底变形，不能写字，看书也要依赖一种翻书的机器。医生诊断霍金只能活两年，可是霍金在轮椅上一坐40多年，创造了生命的奇迹。而且成了世界公认的科学巨人，这在人类历史上堪称奇迹。

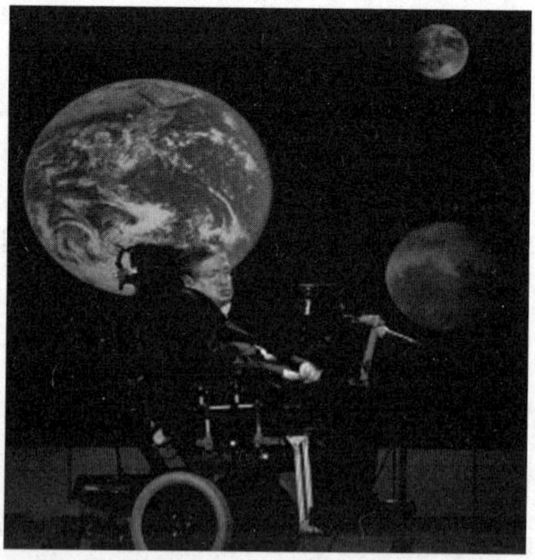

霍金有着一副“丑陋”的外表：“头只能朝右边倾斜，肩膀也是左低右高，双手紧紧并在当中，握着手掌大小的拟声器键盘，两只脚则朝内扭曲着。嘴已经歪成S型，只要略带微笑，马上就会出现‘龇牙咧嘴’的样子。而且终身只能被禁锢在轮椅上。”两场疾病让他与正常人绝缘。这是一个无与伦比的打击，一般人就算是从绝望中挺过来，也只能得过且过，默默度过余生。可是，霍金不是普通人，他有着顽强的意志和不屈的灵魂，不会被病魔打倒。身体不能动，思想能动，“他的思维飞出了地球，飞出了太阳系。飞出了银河系，飞到了上百亿光年外的宇宙深处。飞向了神秘的黑洞。他在大脑中想象着、论证着、计算着。他思考着宇宙从什么时候开始，时间有没有尽头。他发现了黑洞的蒸发性，推论出黑洞

的大爆炸……他还建立了非常美的科学的宇宙模型。”这是怎样巨大的成就啊！身体健全的常人都无法做到，然而仅能三个手指敲打键盘的他却做到了，其中巨大的艰难可想而知，怎不令人敬佩万分呢？然而更令人感动的是，霍金从没有悲观之心，面对记者悲悯的提问，他用还能活动的手指，艰难地叩击键盘，打出了这样一段文字：“我的手指还能活动，我的大脑还能思维，我有终生追求的理想，有我爱和爱我的亲人和朋友，对了，我还有一颗感恩的心……”这是一种怎样的宽大胸怀啊！挫折在他面前低头，生命在他身上闪光，没有索求，甘于奉献，还有一颗勃勃跳动的感恩的心！他不仅没有怨天尤人，还用一种平和的心态去对待，甚至有一颗感恩的心。这是多么伟大的人格啊！他引导着我们去做真正的人！他让人心灵震颤，除了掌声，人们似乎找不到更能表达对这位创造生命奇迹的非凡科学家的由衷敬意！他的心灵不但健康而且充满芳香。

（二）人生发展是把潜能变成现实的过程

要充分发现和挖掘自身的潜能，就必须充分发挥主观能动性。主观能动性可以让我们更好地发现和挖掘自己的潜能。潜能是我们生命之中蕴藏着的巨大宝藏。有多少伟大的人都是发现和挖掘了自己极大的潜能，最后取得成功。在认识和改造世界的时候，潜能无疑为我们克服困难，战胜挫折提供源源不断的支持。

哲理故事

达尔文从小就爱幻想，总是爱不停地提出各种问题，是一个有名的问题专家。有一次达尔文和妈妈到花园里给小树培土，妈妈说：“泥土是个宝，小树有了泥土才能成长。别小看这泥土，是它长出了青草，喂肥了牛羊，我们才有奶喝，才有肉吃；是它长出了小麦和棉花，我们才有饭吃，才有衣穿。泥土太宝贵了。”听到这些话，达尔文疑惑地问：“妈妈，那泥土能不能长出小狗来？”“不能呀！”妈妈笑着说，“小狗是狗妈妈生的，不是泥土里长出来的。”达尔文又问：“我是妈妈生的，妈妈是姥姥生的，对吗？”“对呀！所有的人都是他妈妈生的。”妈妈和蔼地回答他。“那最早的妈妈又是谁生的？”达尔文接着问。“是上帝！”妈妈说。“那上帝是谁生的呢？”达尔文打破砂锅问到底。妈妈答不上来了。她对达尔文说：“孩子，世界上有好多事情对我们来说是个谜，你像小树一样快快长大吧，这些谜等待你去解呢！”

在学校，同学们认为他经常“说谎”。比如，他捡到了一块奇形怪状的石

头，就会煞有介事地对同学们说："这是一枚宝石，可能价值连城。"有一次，达尔文在泥地里捡到了一枚硬币，他神秘兮兮地拿给他的姐姐看，并一本正经地说："这是一枚古罗马硬币。"姐姐接过来一看，发现这分明是一枚十分普通的十八世纪的旧币，只是由于受潮生锈，显得有些古旧罢了。对于达尔文的"说谎"，姐姐很是恼火，便把这件事告诉了父亲，希望父亲好好教训他一下，让他改掉令人讨厌的"说谎"习惯。可是父亲听了以后，并没有在意，他把儿女叫过来说："这怎么能算是撒谎呢？这正说明了他有丰富的想象力。说不定有一天他会把这种想象力用到事业上去呢！"

达尔文的父亲还把花园里的一间小棚子交给达尔文和他的哥哥，让他们自由地做化学试验，以便使孩子们的智力得到更好的发展。达尔文十岁时，父亲还让他跟着老师和同学到威尔士海岸去度过三周的假期。达尔文在那里大开眼界，观察和采集了大量海生动物的标本，由此激发了他采集动植物标本的爱好和兴趣。这为达尔文能写出《物种起源》这一巨著打下了坚实的基础。

达尔文长大后曾乘贝格尔号舰经历了历时 5 年的环球航行，对动植物和地质结构等进行了大量的研究和采集。1859 年出版了《物种起源》这一划时代的著作，在生物科学上完成了一次革命，而达尔文也因此成为著名的生物学家，进化论的奠基人。

（三）人生的意义也是在发挥主观能动性的过程中实现的

人生的意义也是在发挥主观能动性的过程中来实现的。每个人都可以通过自己的努力，使自己的生命更有价值。每个人的生命价值要在为社会做贡献的过程中实现，为服务人民中实现。选择更有价值的人生，要充分发挥自己的主观能动性，积极的行动，过更有意义的人生。

五、积极进取，自信自强

（一）自信对人生发展的作用

1. 自信是主观能动性的表现，是打开自己潜能宝藏的钥匙

自信是一种积极的心理品质，是促使人向上奋进的内部动力，是打开自己潜能宝藏的钥匙，而潜能是一个人取得成功的重要因素。美国著名教育家马斯洛说："事实上，我们绝大多数人，一定有可能比现实中的自己更伟大些，只是我们缺乏一种不懈努力的自信。"中职学生应该对自己的学习、前途始终保持自信，这样才能在充满竞争

和创新的社会发展环境中，发挥自己的优势和潜能，取得人生的成功。反之，如果缺乏自信，在遇到人生的挫折和困难时候，就会退缩、放弃努力、自暴自弃，最终会导致失败。

哲理故事

“荣誉班”的奇迹：物理学家钱致榕谈起他中学时代的一段经历。那时很多学生作弊，不求上进。一位责任心很强的老师，就从 300 个学生中挑选 60 人组成了“荣誉班”。钱致榕也在其中。当时明确宣布，是因为他们有发展前途才被挑选出来的。对此，被选上的人十分高兴，对前途充满信心，踏实学习，后来大多成了才。这次，钱教授遇到那位老师时，才知道这 60 位学生是随意抽签决定的。这件事很发人深思。由于学生被告知他们是“很有发展前途”才被挑选出来的，这就使学生产生了强烈的自信心，因而自尊、自爱、自强而终于成才。可见，自信心是学生走向成才之路的第一步。

自信对我们的人生发展有这非常重要的作用。我们应该如何做到自信呢？

第一，首先要正确地认识自我、悦纳自我，人有所长也有所短，有所短就有所长，我们不要为自己所短而自卑。其次，我们要不断进行自信心的磨炼，我们可以将目标定的小些，切合实际些，多积累成功愉悦的体验感受。我们还要确立合理的评价参照系统和立足点，若定强的标准则可能会自卑，因而寻找适合自己的评价标准就显得很重要。理性的比较方式是多与人做纵向比较，而不是一味地与人做横向的信息比较。

第二，由自信心引发出的学习工作热情才有行动方向、奋斗目标，而这个奋斗目标并不是遥不可及的，而是由很多个小目标叠加积累起来的，而每一个小目标的实现，都包含着同学们辛勤的汗水。这里只有一条捷径，那就是勤奋，索洛维契克说：“一个人只要有自信，那他就能成为他希望成为的那样的人。”只要我们充分发挥自己的主观能动性，坚持不懈、循序渐进，就能有机会实现远大目标，成为自己希望成为的人。最后，我们可以运用我们的能力，承担一定社会责任，认识到我们的价值，能够进一步巩固自信心。

知识拓展

第一，切勿求全。增强自信心不应该成为一件受罪的事情，别为有自信而使劲让自己有自信。还有，万万不可什么事情都理想化。要允许自己成为一个有时候会犯错误的人。觉得自己不行的人通常是在生活的方方面面都树立了高远目标的人。我有的时候也有这种一闪念，总觉得这儿也不行，那儿也有问题。这么想的原因无非是自己对自己要求太高。结果怎么样呢？自信心少了一大半。给自己一次机会吧，不要求全责备，这是非常重要的。

知识拓展

第二，注意外界。一个人缺乏自信心的时候，常常是把注意力放在了自己身上。一旦注意力放在了自己身上，很容易想着每一个细节，很容易怕出问题。此时此刻，越是怕出问题，越是出问题。一出问题，就像泄了气的皮球。我们经常在球场上看到这种情形。总想着赢球，总想着一旦踢不好如何对不起观众、对不起国家。谁都想赢，就是不想眼前的球怎么踢，到头来，脚也不听使唤，不仅踢不进球，反而还输球。请记住，自信的人往往将注意力放在自身以外，不自信的人才总是想着自己。

第三，拒绝失血。我们都知道有一种人一来到众人面前，就“啦哇啦”地发泄不良情绪，甚至把周围的人贬低一顿，直弄得在场的人目瞪口呆。有的人本来就很自卑，加上这一番奚落，仅有的那一丁点自信荡然无存。有人将这种人称为“吸血鬼”，专门吸走你内心不多供你氧气的“鲜血”。没了携带氧气的“鲜血”你还怎么活？没有了自信，人还怎么前进？对你来说，你唯一的选择就是尽可能远离这种人。不要憎恨，也不要对他们评头品足，只要知道这种人对你生活质量的改进毫无益处就行。

第四，抓住机会。以前担心的事情，你可以换个新思路试一试，不要一条道走到黑，不撞南墙不回头。可以这么说，缺少自信的多半人都是很执拗的人。甭说让人说服，就是撞了南墙都不一定会回头。如果你还不那么固执，就报个兴趣班学习，或者参加健身俱乐部锻炼身体。让你的生活有所改变，哪怕稍加改变都行。随着你的改变，你的自信心会有所增强。

第五，讲究付出。有一句老话说得好，有付出才有索取。记住这句话，要想在生活中得到点什么，先要付出。比如交朋友，要想在最需要的时候得到朋友们的帮助或者指点，就要在平时多帮助他人。跟他人交往，要尽可能地让人家认定你是一个很有自信、很有价值的人。帮助他人建立自信，你肯定自己也会越来越自信

第六，学会宽恕。很多人对自己要求非常苛刻，他们不知道宽恕自己的过去。如果你对自己过去的失败或过失念念不忘，那你将无法充满自信。正确的做法是承认自己的过错或过失，然后总结经验，向前看。同样，生活中，宽恕他人可不是为了他人，恰恰相反是为了你自己。

第七，回答肯定。经常问自己一些问题，然后你的回答就是“我很有自信”。时间一长，对你增强自信心是很有帮助的。这叫积极的心理暗示。如果不信，你可以找讲解心理暗示的书籍看看，照着书中介绍的方法去做，看看有没有效果。不过，你要是问“我为什么那么自信”这类问题，说不定你会取得更好的效果。你知道这又是什么在起作用吗？潜意识。要知道，潜意识虽然简单，却很能发挥作用。当你如此这般问到自己的时候，潜意识会立即开始工作，寻找答案，它会以一种你颇为自信的方式向你报告。

知识拓展

第八，树立楷模。增强自信心还有一个办法，那就是找一个积极自信的人当自己的楷模。如果你能跟一个十分自信的人交朋友，那就更好了。俗话说，近朱者赤，近墨者黑。经常跟快乐的人在一起，你就会比较快乐，经常跟自信的人在一起，你就会有很强的自信心。别忘了，心理情绪也是传染的。如果交不到这样的朋友，就找一个充满自信的模范人物事迹来学习，然后以他们为典范，向他们学习。研究他们的行为。他们的自信方式就会潜移默化地影响到你，久而久之你就也会成为一个颇有自信的人。

第九，学会感谢。会感谢他人或自我的人心境平和，平和的心境会产生自信。学着把要感谢之处列出来，特别是那些在你来说是一些十分突出的长项。也许你是一位很棒的游泳运动员，是一位优秀的舞蹈家，或者有非同一般的幽默感、有乐于助人的助人之心，或者有一些其他积极的素质的人。找出你身上那些美好的东西，然后对那些优秀的素质逐一进行感谢。感谢你的优秀品质会增强你的自信心，会帮助你发展良好的形象，这对你在生活方面取得成功是很关键的。

（二）自强对人生发展的作用

1. 自强不息是战胜困难的武器

自强是永远向上、奋发进取的精神，也是对未来充满希望，永远向上、永不懈怠、积极进取，依靠自己的努力奋发图强的一种精神、一种美好的道德品质。

自强主要表现在困难面前不低头、不放弃，不断想办法克服困难。自强还表现在能开拓、积极进取、心怀大志、执着追求等。自强是一个成功人士的必备的品质。在当今竞争激烈的社会环境中，我们不能完全信赖他人，只有自强不息，依靠自己，才会最终实现我们人生的价值。

同时，自强是贯穿于中华原典中的一种中华民族精神，它侧重体现中华民族的一种不屈不挠、顽强奋斗的进取精神。《论语》有“刚毅”“发愤忘食，乐以忘忧”一类乐观向上的语句；《周易》有“天行健，君子以自强不息”一语（《周易・乾卦・象卦》），首次提出“自强”概念。意思是说，“天”刚强不屈，运转不息，人应像“天”那样努力向上，绝不停息。这句话的本意是反映中华民族顽强的生命力和不向恶劣环境妥协、顽强抗争的自勉自强精神。

自强不息是实现人生价值的重要品质，我们只有积极进行，自强不息，才能使自己变得强大，才能无往不胜。如何做到自强不息呢？

第一，培养意志，战胜自我。意志力是心理学的一个概念，是指一个人自觉地确定目的，并根据目的来支配、调节自己的行动。克服各种困难，从而实现目的品质。意志力是人格中的重要组成因素，对人生的一生有着重大的影响。人们要获得成功必须要有意志力做保证。世界上取得成就的人，大多都能正确认识自己，能够正视自己的人生道路和一切问题，面对困难和挫折，能够自觉地培养自己的意志力，用坚强的意志、勇敢顽强的精神，克服前进的道路上一切困难。树立信心，勇于战胜自我走向成功。

第二，发展优点，克服缺点。正确地看待自己的缺点，积极战胜自己的不足，就要全面分析自己的优势和劣势，才能扬长避短，积极发展自己的潜能和长处，克服缺点。在困难面前，只有积极战胜困难，不畏艰难，才能实现自己人生发展。

第二单元 用辩证的观点看问题，树立积极的人生态度

学习目标

1. 认识矛盾的基本属性和特点，能够积极面对和解决人生中的各种矛盾；
2. 理解人生发展中不可避免的顺境和逆境，以积极的心态对待挫折和逆境；
3. 理解矛盾是人生发展的动力，坚持辩证的观点看问题。

第一节　认识矛盾与积极面对

一、矛盾的含义与基本属性

（一）矛盾的含义

马克思曾经说过，假如没有小偷，锁会达到今天这样的完善吗？假如没有假钞票，钞票的制造会有这样精美吗？这段话说明了矛盾推动了事物的发展。事物内部两个方面或事物之间既存在相互排斥，又存在相互依存、相互换化的关系。哲学上把事物自身包含的这种既对立又统一的关系，叫矛盾，简言之，矛盾就是对立统一。

知识拓展

矛盾一词，源于战国的《韩非子》，其中讲了一个楚人卖矛与盾的故事，后人就以“矛”“盾”来说明相互抵触、互不相容意思。不过这个故事揭露的是人的思维中逻辑矛盾，这不是辩证法的所要研究的矛盾。在西方近代哲学史上，第一次全面揭示辩证矛盾的实质的是黑格尔，但是他是以唯心主义的形式表述出来的。马克思主义

知识拓展

的哲学把辩证法建立在唯物主义的基础上，科学地揭示了辩证的矛盾的实质，即矛盾就是事物内部事物之间的对立统一的关系。这种辩证的矛盾，不同于逻辑的矛盾。逻辑的矛盾是指人们思维过程中由于违反形式逻辑规则所造成的自相矛盾。列宁说："辩证法就是研究对象的本质自身中的矛盾。"任何科学的认识，一方面要排除逻辑矛盾，另一方面要研究事物自身的所固有的矛盾。

（二）矛盾的基本属性

矛盾属性即对立和统一，是唯物辩证法的根本规律，是辩证法的实质和核心。

矛盾的对立性是指：矛盾双方相互排斥和相互斗争的属性。

矛盾的统一性是指：矛盾双方在一定的条件下互相联结、互相依存、互相渗透、相互贯通的属性。对立和统一在事物发展中的作用不可分割，不能只强调一方面而忽视另一方面。

哲理故事

战国时期有一位塞翁。他养了许多马，一天马群中忽然有一匹走失了。邻居们听到这事，都来安慰他不必太着急，年龄大了，多注意身体。塞翁见有人劝慰，笑笑说："丢了一匹马损失不大，没准还会带来福气。"

邻居听了塞翁的话，心里觉得好笑。马丢了，明明是件坏事，他却认为也许是好事，显然是自我安慰而已。可是过了没几天，丢马不仅自动回家，还带回一匹骏马。

邻居听说马自己回来了，非常佩服塞翁的预见，向塞翁道贺说："还是您老有远见，马不仅没有丢，还带回一匹好马，真是福气呀。"

塞翁听了邻人的祝贺，反倒一点高兴的样子都没有，忧虑地说："白白得了一匹好马，不一定是什么福气，也许会惹出什么麻烦来。"

邻居们以为他故作姿态，纯属老年人的狡猾。明明心里高兴，有意不说出来。

塞翁有个独生子，非常喜欢骑马。他发现带回来的那匹马，身长蹄大，嘶鸣嘹亮，剽悍神骏，一看就知道是匹好马。他每天都骑马出游，心中洋洋得意。

一天，他高兴得有些过火，打马飞奔，一个趔趄，从马背上跌下来，摔断了腿。邻居听说，纷纷来慰问。

塞翁说："没什么，腿摔断了却保住性命，或许是福气呢。"邻居们觉得他又在胡言乱语。他们想不出，摔断腿会带来什么福气。

不久，胡人大举入侵，青年人被应征入伍，塞翁的儿子因为摔断了腿，不能去当兵。入伍的青年都战死了，唯有塞翁的儿子保全了性命。

二、矛盾的特点

1. 矛盾的普遍性

首先，矛盾无处不在，矛盾存在于一切事物发展过程中。其次，矛盾无时不在，矛盾贯彻于一切事物发展过程的始终。矛盾的这个特点称为矛盾的普遍性。可以说，事事有矛盾，时时有矛盾。所以我们要学会正视矛盾，而不是回避矛盾，还要积极地解决矛盾。

2. 矛盾的特殊性

矛盾普遍性决定了矛盾是普遍存在的，但是矛盾又各具特点。首先，不同事物的矛盾具有不同的特点，即事物不同，矛盾也是不同的。所以在解决矛盾的时候，必须具体研究矛盾的特殊性。其次，同一事物的矛盾在其发展的不同阶段各有不同的特点。我们要研究分析矛盾在不同发展阶段上的特殊性，才能正确解决不同阶段的不同矛盾。

三、学会用唯物辩证法对立统一看问题

（一）坚持两点论和重点论的统一

在对待人生的各种矛盾中，首先我们要用“两点论”的观点看待问题，并以“两点论”的方法分析矛盾，要把事物各方面看得全面一些，既要看到事物的这个方面，也要看到事物的那个方面。其次要从事物的对立统一中把握事物的本质，全面认识和协调处理矛盾的不同面，积极化解矛盾，消除对立，在解决矛盾中推动人生的发展。

在复杂的事物发展过程中，同时存在着许多矛盾。其中有一种在矛盾体系中居于支配地位、起决定作用的矛盾，就是主要矛盾。而其他属于从属地位的矛盾就是次要矛盾或非主要矛盾。无论是主要矛盾还是次要矛盾，矛盾双方的力量存在不平衡的情况，必有一方处于支配地位，起到主导的作用，而另一方处于被支配的地位。前者是矛盾的主要方面，后者是矛盾的次要方面。事物的性质是主要方面决定的。无论是主要矛盾还是次要矛盾，无论是矛盾的主要方面还是次要方面，二者都是处在相互作用下，在一定的条件下，矛盾双方的地位会发生转化。因此我们要把握主要矛盾和次要矛盾的辩证的关系，在实际工作中和日常学习、生活中要学会抓重点，尤其在人生的转折关头，更要善于发现和解决主要矛盾，恰当地处理次要矛盾。

哲理故事

随着信息时代的来临，数字化信息革命在大刀阔斧地改变着人类的工作方

式和生活方式，数字化革命呼唤出新的技术，网络就是其发展产物之一。网络科技的迅速发展，使互联网已深入千家万户。实践证明：网络是把双刃剑，它有好也有坏。

网络是一个虚拟的空间，它的方便、快捷、灵活等多种优点，拓展了我们的知识面，它的出现改变了我们传统方式的思想方法，在我们的生活中给予我们极大帮助。坐在家里可浏览众多网上图书，几分钟内即可收到相隔万里的消息，在最短的时间内即可获得各方面自己想知道的信息，还可以网络购物。

2020年疫情期间，学校通过远程教育为学生上课，解决了疫情期间学生不能上课的难题。

但网络在给我们带来便利的同时，也给学生带来了许多的隐患。其中非法网站、网络游戏就像裹着糖果的炮弹一样向我们发射。各种非法的网站趁着网络管理系统还未健全，散布着不良信息，防不胜防，这对我们的身心健康造成极大的负面影响。

（二）坚持具体问题具体分析

矛盾特殊性的特点，要求我们想问题、办事情必须坚持具体问题具体分析。在矛盾特殊性的原理指导下，具体分析矛盾的特殊性。对具体问题具体分析，是正确认识矛盾和解决矛盾的科学方法，是马克思主义的本质。坚持具体问题具体分析，就要反对“一刀切”，用不同的方法正确解决不同的矛盾。

哲理故事

明朝嘉靖年间，北京城中有位裁缝名气很响，他亲手裁制的衣服，长短肥瘦，无不合体。

有一次，御史大夫请他去裁制一件进宫廷穿的朝服。裁缝手脚利索地量好了他的身腰尺寸，又问：“请教御史老爷，您当官当了多少年了？”

御史听了很奇怪，反问他：“你量体裁衣就够了，还要问这些干什么？”

裁缝回答说：“年轻相公初任高职，意高气盛，走路的时候精神抖擞，挺胸凸肚，裁衣就要后短前长；做官有了一半年资，意气微平，衣服应当前后一般长短；当官年久而将迁退，则内心悒郁不振，走路时低头弯腰，做的衣服就应该前短后长。所以，我如果不问明做官的年资，怎么能裁出称心合体的衣服来呢。”

御史听了大为叹服。他不仅是按照成衣法量尺寸、定式样，而且善于把握对象在各个阶段的特点，进行“量体裁衣”。

四、矛盾是人生发展的动力

（一）人生发展中矛盾不能回避

人生是一个不断产生矛盾、不断解决矛盾的过程，是在不断解决矛盾中度过的。中职生经历了人生旅途的婴儿、幼儿、儿童、少年期，开始步入青年初期。我们在学习和生活中，常常会遇到这样一些矛盾：一是学和玩之间的矛盾。学习是学生的天职，玩耍是青少年的天性，二者对学生的发展都很重要，但往往不能同时兼顾。二是课堂学习和课外学习之间的矛盾。课堂学习是获得知识、培养技能的主要途径，课外学习是开阔视野、发展自我的重要手段，二者对学习知识获得具有同等作用，但经常会顾此失彼。三是科学知识学习和艺术素养培育之间的矛盾。学习科学知识很重要，培育艺术素养也很重要。在时间和精力有限的情况下不得不有所取舍。即使我们将来毕业了，参加了工作，职业生活也必然充满着各种矛盾。比如，工作中的顺利与困难、成功与失败；公司同事的人际关系等。对于这些，我们要有思想上的准备，人生就是在不断解决矛盾中度过的。处理好矛盾的对立统一的关系，对我们人生发展至关重要。

（二）矛盾是事物发展的源泉和动力

矛盾是事物发展的动力和源泉。同一性与斗争性是矛盾两个基本属性，这两种属性也是对立统一的关系。正是因为事物矛盾的双方既有相互对立又相互统一，从而推动事物的发展。

矛盾的基本属性：同一性与斗争性在事物发展过程中具有不同的作用。同一性是事物存在的前提。正是同一性使矛盾双方能够在一个统一的体内相互依存，在一定的条件下共同发展；同一性的规定着事物发展的基本趋势，事物发展总是一物转化为“自己的他物”即向自己的对立面转化。正是由于矛盾的同一性使一事物处于相对稳定、暂时平衡的状态，并表明特定的事物在一定条件下、一定时间内的存在具有历史正当性。我们不能不顾条件地去随意否定有进一步发展的事物，甚至破坏事物的稳定方面。

矛盾的同一性不是凝固不变、无条件存在的，矛盾的斗争性迟早要打破矛盾双方的相互依存。具体地说，在事物量变过程中，斗争性推动矛盾双方力量变化，造成矛盾双方力量不平衡；在事物的质变过程中，当矛盾双方的力量变化沿着各自方向达到极限时，只有斗争才能打破这上极限，从而使旧的矛盾统一分解，新的矛盾统一产生，即事物变成其他事物，新事物代替旧事物。所以，矛盾双方的对立性和统一性在事物发展中的作用是不可分割的，二者的作用是密切结合在一起而实现的，只强调其中任何一个方面，忽视另一个方面，都不能正确地认识和处理矛盾。正如毛泽东所说：“有条件的相对的同一性和无条件的绝对的斗争相结合，构成了一切事物的矛盾运动”。总之，矛盾是推动事物发展的根本动力。

知识拓展

党的十九大报告指出，我国社会主要矛盾已经转化为人民日益增长的美好生活需要和不平衡不充分的发展之间的矛盾。这一重大政治论断为制定党和国家大政方针、长远战略提供了重要依据。我们要全面认识我国的基本国情和社会主要矛盾，深刻理解“变”与“不变”的辩证统一，把思想和行动统一到党的十九大精神上来。

社会主要矛盾是一个国家生产力发展水平和社会发展阶段的客观反映。有什么样的生产力发展水平、处于什么样的发展阶段，就会有什么样的社会主要矛盾。社会主要矛盾变化是一个自然的历史过程，人们不可能主观选择；但对其判断必须及时准确，认识超前或滞后都会干扰社会发展进步，甚至会阻碍社会生产力发展。

过去，我国社会主要矛盾是人民日益增长的物质文化需要同落后的社会生产之间的矛盾。作出这一判断，主要是基于当时我国经济社会发展水平不高、社会生产力相对落后。经过40多年的改革开放，我们党带领全国人民告别贫困、跨越温饱，实现全面小康。我国经济总量稳居世界第二，社会生产力水平显著提高，社会生产能力在很多方面进入世界前列，中国特色社会主义制度日益成熟定型。我国生产力发展水平和人民对美好生活的需要都发生了变化。因此，我国社会主要矛盾也发生相应变化，转化为人民日益增长的美好生活需要和不平衡不充分的发展之间的矛盾。

具体来看，我国经济社会发展水平明显提高，但与发达国家相比，我国生产力发展在总体上依然处于中等水平。也就是说，我国发展不平衡不充分的状态并没有根本改变。这种不平衡不充分不仅表现在落后地区、农村发展不充分，落后地区与发达地区、农村与城市发展不平衡；而且表现在东部发达地区包括一些大城市依然有发展不平衡不充分的现象，如高质量的医疗、教育还是稀缺资源，高等级的城市地下管网建设刚刚起步，有的城市还存在不少“城中村”。因此，发展不平衡不充分已经成为满足人民日益增长的美好生活需要的主要制约因素。

与物质文化需要相比，人民美好生活需要的内容更广泛。它不仅包括物质文化需要这些客观“硬需要”的全部内容，还包括其衍生的获得感、幸福感、安全感和尊严、权利等具有主观色彩的“软需要”。既有的“硬需要”没有消失，并呈现升级态势，人们期盼有更好的教育、更稳定的工作、更满意的收入、更可靠的社会保障、更高水平的医疗卫生服务、更舒适的居住条件、更优美的环境、更丰富的精神文化生活；新生的“软需要”则表现为对民主、法治、公平、正义、安全、环境，对共同富裕，对人的全面发展、社会全面进步都提出了相应要求。

可见，我国社会主要矛盾的变化是关系全局的历史性变化。这一变化不仅是巨大的，也是极为深刻的，要求我们在继续推动发展的基础上，着力解决好发展不平

知识拓展

衡不充分问题，大力提升发展质量和效益，更好满足人民在经济、政治、文化、社会、生态等方面日益增长的需要，更好推动人的全面发展、社会全面进步。

必须认识到，我国社会主要矛盾的变化没有改变我们对我国社会主义所处历史阶段的判断。在这一时期呈现的发展阶段性特征是在社会主义初级阶段这一大背景下的新特征、新状态、新矛盾，而不是超越了社会主义初级阶段的阶段性特征。我国仍处于并将长期处于社会主义初级阶段的基本国情没有变，我国是世界最大发展中国家的国际地位没有变，我们仍然要牢牢坚持党的基本路线这个党和国家的生命线、人民的幸福线。对于这一点，必须有足够的战略清醒和战略定力。

着力解决新时代社会主要矛盾，需要正确认识和妥善处理“变”与“不变”的关系。一方面，顺应“变”、促进“变”，对经济社会发展体制机制和政策安排适时进行调整变革，以“变”应“变”；另一方面，立足“不变”、坚守“不变”，咬定青山不放松，扭住发展这个第一要务不动摇，继续为发展新时代中国特色社会主义夯实经济基础。

——选自《人民日报》

五、积极面对和解决人生中的各种矛盾

（一）承认和正视矛盾

人生的道路是曲折的，在前进中必然会遇到各种矛盾，在对待人生的各种矛盾中，会有一些不同的人生态度。积极的人生态度是承认和正视生活中的矛盾。正视矛盾，才能将困难、挫折、逆境当作磨炼意志的动力和事业成功的必备经历。同时积极化解矛盾对立面，解决矛盾，推动自身发展。持有消极的人生态度，会不承认和正视矛盾，表现为：第一种是否认矛盾，形成过于偏激的态度，导致矛盾的激化；第二种回避矛盾，消极地面对矛盾，听天由命；第三种是自私自利，为了自己的利益；不惜牺牲国家民族的利益；第四种是得过且过、醉生梦死、麻木空虚；第五种是认为都是别人给自己造成的矛盾，国家、人民、其他人亏待了自己，对不起他，对现实一切都不满意。这些消极人生态度，都是不可取的，不但解决不了矛盾，反而误入歧途。我们应该树立积极的人生态度，正确面对矛盾。

哲理故事

由团中央学校部、全国学联秘书处、中国青年报社共同举办的“寻访2018年度‘最美中学生’‘最美中职生’”活动评选结果揭晓：＊＊幼儿师范学校学生黄

梦茹在全国众多的参选学生中脱颖而出，荣获本年度“全国最美中职生”称号。

黄梦茹是＊＊市人，早年母亲因病去世，父亲常年在外打工。从初中开始，黄梦茹就边读书边照顾弟弟和年迈的奶奶。有一次，奶奶因车祸住院，不习惯医院的环境，要在家里休养。那段时间，黄梦茹就每天骑着三轮车带着奶奶在医院和家里来回奔波。即使是在奶奶生活不能自理时，黄梦茹也总是悉心照顾奶奶，从没有流露出嫌弃的之情。

家庭的情况没有影响到黄梦茹，她克服困难，努力向学。2015 年，黄梦茹以优异的成绩考入＊＊幼儿师范学校，成为一名幼师生。在校期间，她学习刻苦、团结同学、与人为善，多次被评为“三好学生”。因为在学校礼仪社出色的工作表现，黄梦茹入校一年后被选为校礼仪社社长。此后，黄梦茹更是怀着一颗感恩之心，积极主动地参加了＊＊市第 33 届药博会、“药都最美教师”颁奖活动彩排等校内外各种志愿服务活动。每次活动，黄梦茹都以极大的热情带领队员完成礼仪服务工作任务，无论严寒酷暑，从来没有怨言。

面对逆境，黄梦茹以实际行动传承了中华民族传统“孝道”的美德，积极践行社会主义核心价值观。即使面临生活的苦难，她仍然积极乐观、努力学习、服务和回报社会，赢得了学校领导和师生的认可，以及周围邻居的夸赞。

（二）正确解决人生的各种矛盾

1. 自信自强，解决矛盾

解决矛盾是我们一生都要面对的问题，如何正确解决矛盾，发展自我，对个人成长发展至关重要。正确解决矛盾，首先要培养自信和自强不息的精神，尤其在面对磨难和困难时，相信自己可以解决矛盾，可以克服困难，化不利因素为有利因素，从危机中寻找机会，解决矛盾。

2. 积极乐观，战胜矛盾

在解决矛盾时候，我们要时时保持积极乐观的态度，不为一时得失而放弃自己的理想和追求，不断努力、尝试、突破，才能从对立统一的关系中把握事物的本质，在发现矛盾、解决矛盾过程中实现自我越超、自我发展，战胜矛盾。

第二节　发展变化与顺境逆境

世界上纷繁复杂的万事万物不仅是普遍联系的，而且是运动变化发展的。当我们深思熟虑地观察自然、社会和我们的精神活动时，会发现世界是由种种联系相互作用

而交织在一起的，没有任何东西是不动的和不变的，一切事物都处在运动、变化和发展的过程中。

一、事物是变化发展的

（一）发展的实质——新事物的产生和旧事物的灭亡

发展是一个含义比较复杂的范畴。唯物辩证法所讲的发展是指事物由低级向高级、由简单向复杂、由无序向有序的运动。可以从三个不同的层面来研究事物的发展。首先是作为某个具体事物的发展。例如，一个企业的发展，它表现为企业技术开发能力的增强、职工队伍素质的提高、管理体制的优化、产量的增加、质量的提高、市场的拓展。再如，一个国家的经济，通过调整产业结构、投资结构、政策导向，促进高新技术的采用，推动落后企业的改革、改组、改造，等等。这种发展实质上是不断地更新：淘汰旧的产品，推出新的产品；淘汰旧的技术，采用新的技术；淘汰旧的观念，吸纳新的观念，等等。其次是作为某类事物的发展。例如，某个生物品种，通过几百万年、上千万年甚至数亿年的进化，改变了形态、改变了机能、改变了生存方式，等等。这种发展表现为新个体的产生和旧个体的衰亡。再次是作为我们生活的整个世界的发展。现实世界中事物的运动方向分为三种：

（1）单一水平的转化，即同一等级运动形式之间的变化；（2）下降的运动，即从高级形式向低级形式、从复杂向简单、从有序向无序的变化；（3）上升的运动，即同下降相反的变化。现实世界是无数具体事物生成、进化、衰退、死亡交错的过程，在这些具体过程的交替中表现出总的不断上升、不断有序化的方向性。无论从哪一个层次上来考察发展，我们可以发现，它里面都包含着新事物的出现和旧事物的消失。哲学意义上的新事物，是指符合事物发展的客观规律和前进趋势，具有强大生命力和远大前途的事物。旧事物则是指违背事物发展的客观规律、丧失了存在的必然性而日趋灭亡的事物。发展的实质正是新事物的产生和旧事物的灭亡。新陈代谢是宇宙中普遍的、永远不可抗拒的规律。

新生事物不可战胜的规律，在社会生活中有着特别重要的意义。把握这一规律，对于理解社会生活、认识社会发展、增强人们为进步事业而奋斗的信念，具有世界观和方法论的指导意义。任何事物的发展，总要经历一个由小到大、由弱到强、由不完善到比较完善的过程。新事物在最初出现的时候总是比较弱小的，难免有这样那样的缺陷；而旧事物在一段时间里则比较强大，又很合乎“常规”。所以新事物战胜旧事物必须经历艰难曲折的斗争，在社会领域，更需要人的自觉的努力。明白这一点，我们就应该把历史必然进步的信念融入踏踏实实的具体工作中，既不因暂时的困难和挫折而丧失前进的信心，也不因历史必然进步而放弃主观努力以求坐享其成。

事物的发展与事物的联系不可分割。联系是发展的基础和前提。任何事物的发展，都必须从现有联系出发，从现状出发，没有事物的联系，也就没有事物的发展；离开事物的联系，也就无法理解事物的发展。发展是事物的最复杂、最深刻的联系。在人类面前，有无限的事物和过程，有的简单、有的复杂；人们认识了许多简单的事物，也认识了许多复杂的事物。复杂的事物是如何产生的？又会走向哪里？今天的宇宙以前是怎样的？今天的生命当初是如何在地球上产生的？今天的人类起先是如何从动物进化来的？无生命物质如何造成了有生命的事物？这些问题曾经是、并且至今依然是人类面临的最难以回答的问题。这些问题的实质就是简单的联系如何变成了复杂的联系，也就是发展的问题。发展包含着运动、变化、转化的过程。但发展又不同于一般的运动、变化、转化，因为它有着一般的运动、变化、转化所无法包容的规定。运动、变化、转化、发展是同一序列而又不同层次的范畴，发展处于这个序列的最高层次，具有最为丰富多样的内容。发展与联系的关系告诉我们，了解事物的联系还不够，还必须把握事物的发展。在一定的意义上，可以说，辩证法就是关于发展的科学。

（二）发展的进程——由量变到质变和由质变到量变

研究事物的发展，我们可以发现，任何事物都具有质和量这两种规定性的变化；量变和质变是事物运动的两种基本状态；一切事物发展的进程都表现为由量变到质变和由质变到量变的相互转化。

质是指一事物成为它自身并区别于他事物的内部所固有的规定性。质和事物的存在是直接同一的。特定的质就是特定的事物存在本身。某物之所以存在，之所以是它自己，并与他物相区别，就是由于它具有自身的质的规定性。由于各种事物都具有自身的特定的质，因而世界上的事物呈现出五彩缤纷、千差万别的生动景象。正因为质和事物的存在是直接同一的，所以，如果事物的质变了，那么该事物也就不复存在。事物通常具有多方面质的规定性。例如，一根木棍，拿它做家具它就是原料；拿它烧火它就是燃料；拿它和坏人作斗争它就是武器；拿它行凶打劫它就是凶器；拿它到法庭上作证它就是证据，等等。属性是指一事物与他事物在相互联系中表现出来的质。

事物具有多方面的属性，可以区分为本质属性和非本质属性。不同的属性，对于确定事物的质具有不同的作用。人们确定事物的质，要考虑到各方面的联系和作用，把握事物各方面联系的总和。但是，要在事物的诸多属性中确定哪些是对事物的质具有决定意义的本质属性，还必须考虑社会实践的需要，把社会实践作为实际的确定者。离开实践去确定事物的质，是没有现实意义的。

任何事物都同时具有质和量两个方面，是质和量的统一体。在现实世界中，不存在有质无量之物或有量无质之物，质和量总是结合在一起的。质和量的结合就是度。度是指事物保持自己质的数量界限。例如，在一个标准大气压下，液态水的温度是0℃～100℃，在这个限度内，水保持其液态性质不变，如果超出这个范围，突破度的两个关节点即临界点（0℃或100℃），水就失去了自己液态的质，而变成冰或水蒸气了。质和量的互相结合和规定，使质量双方在特定的度的范围内处于统一状态，形成某物之所以为某物的质和量的统一体；一旦超出一定的度，这个统一体就瓦解，某物就会转化为他物而进入新的质和量的统一状态。

事物的运动、变化和发展是通过量变和质变表现出来的。量变和质变是事物变化的两种形式或两种状态。量变即事物量的变化，是事物在原有质的基础上，在度的范围内发生的不显著的变化，是事物发展中的连续性和渐进性。人们日常看到的统一、相持、平衡和静止等，都是事物处于量变过程中呈现的状态和面貌。质变是事物性质的变化，是一种质态向另一种质态的飞跃。质变是对原有度的突破，是事物发展中的连续性和渐进性的中断。统一物的分解，相持、平衡和静止的破坏等等，就是质变过程中呈现的状态和面貌。事物的变化是否超出度的范围，是区分量变与质变的根本标志。量变与质变相互联系，并在一定条件下相互转化。

第一，量变是质变的必要准备，质变是量变的必然结果。事物的变化一般从量变开始，量变是质变的必要准备，没有一定的量变，就不会发生质变。质变必须有一个量变的积累过程，质变本身是“渐进的中断”，具有突发性，但它却不是凭空发生的，而是以量变为基础，由量变所准备好了的。同时，质变总是由量变来规定其性质和方向。在量变过程中，实际上存在着两种相反的量（增加的量与减少的量）的较量，它们都在为质变做准备。事物质变不仅取决于量的绝对值的增减，而且取决于是什么量的增减，朝着什么方向的增减。第二，质变巩固着量变的成果，同时又引起新的量变。质变是事物从一种质态进入到另一种质态，是新事物代替旧事物的飞跃过程。质变打破了限制量变的旧框架，这就巩固了量变的成果，使量变的成果得到充分的体现；同时，质变使量变在新质基础上、在新的结构内，开始了更高层次的新的量变，使量变有了新的形式、新的广度与深度。质变是事物从旧质向新质转化的决定性环节，它发生在新旧交替的关节点上，这个关节点，如同事物发展链条中的纽结一样，既是前阶段量变的结束，又是新阶段量变的开端；既把不同质的事物区别开来，又把它们联结起来；它是质量互变的契机或枢纽。因此，把握这个关节点，是把握质量互变的关键。

质量互变规律揭示了事物存在和发展的最基本的状态，是唯物辩证法的重要内容之一，它对于指导我们认识世界和改造世界具有重要的方法论意义。

掌握事物的度也很重要。度的道理要求我们在实践中必须注意“适度”。所谓适度，是指我们的认识和行为必须同客观事物的度相适合，俗话说“注意分寸”“掌握火候”“过犹不及”，意思都是讲要适度。并不是在任何情况下都要使事物量的变化破坏质的规定性并超出度的界限，而要看实践的需要，看如何对人有利。

量变和质变的关系，对于我们至少有两个方面的启发意义。其一，既然量变是质变的必要准备，质变是量变的必然结果，那么我们无论做什么工作都应该注重量的积累，脚踏实地、埋头苦干。工作要一件一件地做，知识要一点一点地积累，没有一件一件、一点一点的积累和准备，就不可能有重大的建树。不愿意做艰苦细致的日常工作，指望一朝成名、一举惊人，是不切实际的幻想。其二，事物的发展是连续性与间断性的统一、渐进与飞跃的统一，只承认连续性而不承认间断性、只承认渐进而不承认飞跃，或者相反，都不符合事物发展的进程。当事物经过量变的渐进过程的准备而面临质的飞跃时，要敢于并善于抓住时机，推动事物走向新的阶段、跃上新的台阶。

总之，要善于把握量变和质变的对立统一，在它们的相互转化、相互推动中把握事物的变化发展，从而为实践活动提供正确的指导。

（三）发展的道路——前进性和曲折性相统一

事物发展的道路是由否定之否定规律揭示的。由于内部矛盾的推动，事物由自我肯定状态到达自我否定状态，进而再由这种否定状态进到新的否定即否定之否定状态，从而开辟出自我发展和自我完善的道路，这就是事物发展中的否定之否定规律。

任何事物内部的因素都可以分为肯定方面和否定方面。肯定方面是事物中维持其存在的方面；否定方面则是事物中促使其灭亡的方面。当事物处于量变阶段时，事物内部的肯定方面居于主导的地位；当事物的量变达到一定的程度，事物内部的否定方面和肯定方面力量对比发生变化，否定方面上升为主导的方面，事物发生质变，事物就由肯定方面起主导作用的阶段进入否定方面起主导作用的阶段。

辩证的否定是这样一种否定，它是通过事物的内在矛盾运动而进行的自我否定，即自己否定自己，并通过自我否定，实现自我更新自我发展。辩证的否定是“扬弃”，是既克服又保留，既变革又继承。辩证的否定观作为一个重要的方法论原则，要求我们对任何事物不要简单地肯定或简单地否定，不要不加分析地肯定一切或否定一切。例如，对待历史文化遗产，既不能全盘肯定，搞复古主义，也不能全盘否定，搞虚无主义；对待外国文化，既不能认为“外国的月亮也比中国的圆”，盲目崇洋，也不能认为“外国有的我们早就有了”，夜郎自大。其他如对待历史人物的功过，对待别人的长短，对待自己工作的得失，也都应该采取科学分析的态度。

曲折性和前进性的统一构成事物螺旋式上升或波浪式前进的周期性运动。经过连续两次否定，即连续两次对立面转化，经历肯定、否定、否定之否定三个阶段，形成一个发展周期，这个周期，犹如一个回到出发点的上升的螺旋。每一个后来的螺旋，又包含着以前的螺旋，仿佛是由若干小“圆圈”构成的大“圆圈”。事物的发展，就是一个周期接着一个周期的不断的过程，每一个周期的终点，同时又是下一个周期的起点，形成了螺旋式上升或波浪式前进的道路。事物在前进中曲折，在曲折中前进，事物发展的道路是前进性和曲折性的统。

（四）坚持用发展的观点看问题

任何事物都是运动发展的，整个世界是一个无限变化和永恒发展的过程，这就要求我们必须坚持用发展的观点看问题，主要应注意以下几点：

1. 要把事物如实地看成是一个变化发展的过程

任何事物都有其过去、现在和未来，因此，我们观察一个事物不但要了解它的过去，观察它的现状，还要预测它的未来。

在看问题的时候，只有弄清事物的来龙去脉，追溯过去，立足现实，放眼未来，才能使我们的思想符合不断变化着的客观实际，适应形势的发展。

2. 要弄清事物在其发展过程中所处的阶段

由于每个事物都有其产生、发展和灭亡的过程，而事物在每个阶段所处的地位、作用和状况又是不同的，所以，我们要正确认识事物所处的发展阶段。例如，我们认识到我国处在社会主义初级阶段，就要坚持社会主义初级阶段的基本路线不动摇，坚持以经济建设为中心，坚持四项基本原则，坚持改革开放，全面推进社会主义事业的发展。

3. 要培养创新精神，促进新事物的成长

任何事物都是不断变化发展的，所以，要坚持发展的观点，就必须通过分析研究事物的历史和现状，科学地预见事物发展的未来趋势。例如，在社会主义条件下发展市场经济，是中国共产党人对马克思主义发展做出的历史性贡献，是前无古人的伟大创举，体现了中国共产党理论创新的巨大勇气。

哲理故事

在第二次世界大战时，有艘船被炮弹击中沉没，全船只有一个人活着漂到孤岛，独自一人在岛上艰苦地生活。

他天天站在岸边摇白旗，希望有人来救他，可是一直都没有结果。

有一天，他千辛万苦所搭盖的茅屋，突然起火燃烧，而且一发不可收拾，把他所有的家当都烧光了。

他伤心之余，埋怨上帝："我唯一的栖身之处，仅有的一点生活用品，都化为灰烬，上帝啊，你为何使我走上绝路？"

不久，忽然有轮船来救他，他问他们怎么知道岛上有人。救他的人说道："我们起先也不知道，但是看见岛上有火光。所以船长派我们来看看。"他由起初的埋怨，变为感激，因为上帝借这把火救了他。

塞翁失马，焉知非福。世间的成败得失，并无一定标准的界限，而且它们之间还可以相互转化。失去实际上就是一种得到。失去越多得到也就越多，因此，当你失去什么的时候，一定不要太忧伤，因为没准有一天你就会相应甚至更多地得到什么。

二、顺境和逆境是人生发展中不可避免的两种境遇

人生发展是前进性与曲折性的统一，在人生发展的过程中，不可避免会有顺境和逆境两种不同境遇。顺境和逆境都是对人生的考验。

“顺境”即所谓在成就事业的路途上行进时，有优越的条件保证，前进的障碍和阻力较小，可以一帆风顺到达成功的彼岸顺境与逆境相比的优势是占有资本，可以让个人的才能得到自由充分的发展。可以使英雄不再感叹无用武之地。

顺境和逆境是互相联系并互相转化的。

首先，顺境可以为人生发展提供机遇与条件。第一，从人的生理发展来看：一方面科学的营养供给、健全的公共卫生体系有利于人的生理成长。另一方面，顺境有利于人的心理健康。人心智的成长包括认识能力的提高、性情的陶冶、品格的塑造。在顺境中，鼓励性的教育，有利于认识能力的提高，我们可以体会到家庭的温暖、社会的关爱、友情的珍贵，从而拥有宽容、开放、自信、健康的心态。这些对人品格的塑造，是潜移默化的，积极正面的教育以及良好的性情陶冶可以塑造健康人格。第二，从人社会化的过程来看：一方面顺境有利于满足人生各阶段的心理需要。当我们还是儿童的时候，顺境中的家庭能提供足够的关爱，这让我们建立了自信心和自主意识。青少年的时候，顺境中良好的教育，可以使我们培养更为广泛的兴趣爱好，开阔眼界。当我们到了成年乃至老年的时候，顺境使我们乐观积极地面对自己的人生。另一方面，顺境更有利于人社会角色的形成。人的成长总是以其独立地担当自身的社会角色为标志，顺境中持续的社会发展、健全的制度安排、和谐的日常生活，为人的社会角色成熟提供了良性的空间。

逆境可以磨炼人的意志。逆境是对人生的巨大考验。坚毅执着、勇敢顽强的意志品质是强者的人格修养和素质。只有坚强的意志和勇气，才能承受压力和磨难，不被挫折和逆境压垮，最终走向成功。人的意志品质不是天生的，而是人们在价值目标的指引下，在克服困难的实践中不断磨炼的。经历逆境的考验和磨炼，可以使人养成勇于战胜困难的意志品质。

逆境可以帮助人正确认识自我。在逆境中可以暴露出许多在顺境下不易发现的问题和弱点，给人以深刻的经验教训，促使人反省自己的缺点和不足，调整自己的心态和行为方式，有利于促进人的成长。

逆境可以积累人生的经验。走向成功的经验，只有正反两个方面的相互补充、相互印证才是完整而深刻的。就像科学试验，只有经过无数次的失败，才能排除许多不确定因素，最后走向成功。

逆境还可以催人奋进。在逆境下，人们不会甘于现状，会想尽办法改变处境，“穷则思变”就是这个道理。强者愈挫愈勇，只有弱者才会一蹶不振。

顺境和逆境是辩证的统一。在人生发展中，顺境和逆境经常是互相贯通、互相转化的。如果我们在顺境中安逸懈怠、骄奢放纵，顺境就会变成逆境；而在逆境中奋斗崛起，逆境可以变为顺境。人要有宽广的胸怀，能容纳下生活中的悲喜宠辱，得意不张狂，失意不自贱，做到宠辱不惊。顺境时要有忧患意识，逆境时要不懈奋斗，不做命运的奴隶。

哲理故事

有一位穷困潦倒的年轻人，身上全部的钱加起来也不够买一件像样的西服。但他仍全心全意地坚持着自己心中的梦想，他想做演员，当电影明星。

好莱坞当时共有500家电影公司，他根据自己仔细划定的路线与排列好的名单顺序，带着为自己量身定做的剧本前去一一拜访。但第一遍拜访下来，500家电影公司没有一家愿意聘用他。

面对无情的拒绝，他没有灰心，从最后一家被拒绝的电影公司出来之后不久，他就又从第一家开始了他的第二轮拜访与自我推荐。

第二轮拜访也以失败而告终。第三轮的拜访结果仍与第二轮相同。

但这位年轻人没有放弃，不久后又咬牙开始了他的第四轮拜访。当拜访第350家电影公司时，这里的老板竟破天荒地答应让他留下剧本先看一看。他欣喜若狂。

几天后，他获得通知，请他前去详细商谈。就在这次商谈中，这家公司决定投资开拍这部电影，并请他担任自己所写剧本中的男主角。不久这部电影问世了，名叫《洛奇》。

在我们生活中，也会不可避免地遭遇到种种逆境，让我们用我们的执着为自己导航，坚定扬起乘风破浪的风帆，坚信终有一天成功的海岸线会在我们眼前出现。

三、以积极的心态对待挫折和逆境

人生在世，谁都会遇到挫折，挫折是一种挑战和考验，适度的挫折具有一定的积极意义，它可以帮助人们驱走惰性，促使人奋进。

英国哲学家培根说过："超越自然的奇迹多是在对逆境的征服中出现的。"关键的问题是应该如何面对挫折。

人们都希望自己的生活中能够多些快乐少些痛苦，多些顺利少些挫折，可是命运却似乎总爱捉弄和折磨人，总是给人以失落、痛苦和挫折。

哲理故事

草地上有一个蛹，被一个小孩发现并带回了家。过了几天，蛹上出现了一道小裂缝，里面的蝴蝶挣扎了好长时间，身子似乎被卡住了，一直出不来。天真的孩子看到蛹中的蝴蝶痛苦挣扎的样子十分不忍。于是，他便拿起剪刀把蛹壳剪开，帮助蝴蝶脱壳而出。然而，由于这只蝴蝶没有经过破蛹前必须经过的痛苦挣扎，它出壳后身躯臃肿，翅膀干瘪，根本飞不起来，不久就痛苦地死去了。

这个小故事说明了一个人生的道理，要得到欢乐就必须能够承受痛苦和挫折。这是对人的磨炼，也是一个人成长必经的过程。

哲理故事

英国劳埃德保险公司曾从拍卖市场买下一艘船，这艘船1894年下水，在大西洋上曾138次遭遇冰山，116次触礁，13次起火，207次被风暴扭断桅杆，然而它从来没有沉没过。

劳埃德保险公司基于它不可思议的经历及在保费方面带来的可观收益，决定把它从荷兰买回来捐给国家。现在这艘船就停泊在英国萨伦港的国家船舶博物馆里。

不过，使这艘船名扬天下的却是一名来此观光的律师。当时，他刚打输了一场官司，委托人于不久前自杀了。尽管这不是他第一次辩护失败，也不是他遇到的第一例自杀事件，然而，每当遇到这样的事情，他总有一种负罪感。他不知该怎样安慰一些遭受了不幸的人。

当他在萨伦船舶博物馆看到这艘船时，忽然有一种想法，为什么不让他们来参观参观这艘船呢？于是，他就把这艘船的历史抄下来和这艘船的照片一起挂在他的律师事务所里，每当商界的委托人请他辩护，无论输赢，他都建议他们去看看这艘船。它使人们知道：在大海上航行的船没有不带伤的。

当然，遭受挫折，总会给人带来不愉快的情绪体验。过重的精神压力，长期的紧张状态，肯定有害于身心健康。因此，我们要提高自己对付挫折的能力。

以下五种方法，不妨一试：

（1）放轻松一些。一个人无法永远控制形势，但是，可以选择面对困境的态度。不管你做得有多么的糟糕，都要知道挫折是任何人都无法避免的。放轻松一些，你的感觉就会慢慢地好起来。

（2）及时总结经验。知道下一次可以做得更好一点，然后把这个教训牢牢地记在心中，做到永远不要在同一个地方摔倒两次。只要你耐心地去总结，不断地找出改进的方法，就能在以后的工作中少犯错误或不犯错误。

哲理故事

“我在这儿已经工作了30年，”一位工人抱怨他没有升职，“我比你提拔的许多人多了20年的经验。”

“不对，”老板说，“你只有一年的经验，你从自己的错误中，没有学到任何教训，你仍然在犯你第一年犯过的错误。”

长长的一生，谁都会碰上挫折，有过错误和失败。有的人是在埋怨中应付着一个又一个相似的挫折，犯下相同的错误，而成功人士却会将挫折化为锻炼的课堂，而将过去的错误转化为一笔丰厚的财富，视失败为成功之母。

（3）勇敢地去承担后果。没有什么比背着沉重的精神包袱更能伤害一个人的健康和意志了，而一个人如果不能勇敢地面对问题，也就无法彻底解决问题。对于某些我们自己造成的不良后果，我们要有勇气去承担，这样才能保持积极向上的心态。

（4）学会休闲。现代社会生活节奏加快，不少人情绪长期紧张。因此要学会合理安排休闲时间，变换休闲方式，让业余生活丰富多彩，积极地恢复体力，调整心态，确保身心健康。

（5）全力以赴地去做下一件事。行动是摆脱沮丧的最好的办法。哪怕最微不足道的行动，都是治疗心理创伤的办法。即便你只是收拾了一下家务，做了一顿美味的饭菜，出去散散步，在大自然中运动了一会儿，都会使你的状况和心情有所改善。而这份小小的成就感，可以重新帮助你找到自信。

悲观者总是回首过去，而乐观者却能着眼于现在和未来，悲观者遇事时总是在不断地否定自己，而乐观者即使处境不妙也能够激励自我，走出困境，悲观者可能对什么都提不起兴趣，而乐观者则会用新奇的眼光打量这个世界，每天都有不同的精彩……悲观与乐观，虽然只是心态的不同，却足以影响命运。

哲理故事

有个老太太有两个儿子，大儿子卖雨伞，二儿子卖太阳帽。晴天，她担心大儿子的雨伞不好卖，雨天，她担心二儿子的太阳帽不好卖，所以她整天都愁眉苦脸。后来经人指点，她改变了想法，每天都是笑容满面。为什么呢？因为她雨天想大儿子的伞好卖，晴天想二儿子的太阳帽好卖。从这个故事不难看出，只要你懂得了换位思考，保持乐观的心态，快乐自然会找到你。做事情失败了，悲观的人会很气馁，从此对自己失去信心；而乐观的人会想："失败乃成功之母，我离成功又近了一步。"再如在绝境中，手中还有半块面包，悲观的人会说："只有半块面包了。"而乐观的人会说："总算还有半块面包。"处境相同，但心境不同、想法不同，注定一个愁苦、一个快乐。

有位心理学家说："给自己画一幅失败的自画像，就足以使你失败；给自己画一幅获胜的自画像，就足以使你成功。把握情绪的关键在于你心目中的自画像是什么样子。"陷于悲观情绪之中的人，不妨好好体会一下这位心理学家的话。从现在起你每天花一些时间，哪怕只有短短的十几分钟，尽量使自己的心情放松，想象最好的自我形象和最美好的结果。想象得生动一些、细腻一些。

一个人如果能够改变一下自画像，希望自己变成什么样的人，就在心里把自己设想成这样的人。不久你就会发现自己的情绪也跟着改变了，甚至创造了奇迹。这样你就会感到自信、乐观，那些悲观情绪就跑到九霄云外了。那么，怎样能够使得自己由悲观变得乐观呢？可以参考以下方法：

（1）学会运用幽默。幽默是能在生活中发现快乐的特殊的情绪表现，可以从容应对许多令人不快、烦恼，甚至是痛苦、悲哀的事情。

（2）学会自我调控情绪。积极向上的情绪状态，能使人心情开朗，轻松稳定，精力充沛，对生活充满热情与信心。因此，生活中应避免不良情绪的产生和发展，遇到不好的事，要换个方式思考，你将大有收获。

（3）寻找悲观的根源。很多根深蒂固的悲观情绪，它的源头可以追溯到你的孩童时期。因为那个时候，你的思想正在形成，而你的所见所闻会影响你做出的推定。有的时候，我们也会受到父母悲观情绪的影响。不管哪种原因，你的悲观情绪的根源在于你周围的环境，而悲观情绪也会因为环境的改变而改变。当我们出现悲观情绪的时候，要及时调整好心态重新审视自己，向现实和自我挑战。当身边的亲人、朋友出现负面情绪的时候，我们应该及时伸出温暖的手，予以安慰、鼓励和扶助。只有把悲观情绪控制在可以承受的范围内，我们的正面情绪才会显露出来，才能保证家庭和睦、工作愉快、生活满意。

（4）树立正确的人生观、价值观和世界观。人为万物之灵，这是因为人具有思维能力，即人所独有的极其复杂、丰富的主观内心世界，而它的核心就是人生观、价值观和世界观。如果有了正确的人生观、价值观和世界观，一个人就能对社会、对人生价值、对世界上的万事万物持正确的认识。若能采取适当的态度和行为反应面对问题；就能站得高、看得远，做到冷静而稳妥地处理各种问题。

（5）要明白过去不等于未来。即使你之前经历了痛苦和失望，但并不能说明这些就是你今后的全部。你所经历的，有很多事情都是你无法控制的。从某种角度来说，每个人都会遇到自己生活中不幸的环境和经历。但是在我们的生命中，有很多东西是可以一点一点去控制、去改变的。一开始比较糟糕的，并不意味着你就会有一个悲惨的结局。和痛苦的过去告别，怀着希望坚定地走下去，明天才会更美好。

哲理故事

有一天，农夫的驴子不小心掉进了枯井里，农夫为此大伤脑筋。他绞尽脑汁地想办法也救不出驴子，几个小时过去了，驴子仍然在枯井里痛苦地哀号着。无奈之下，农夫只好决定放弃，他想：“反正这头驴子年纪也大了，花费太大的力气去救它出来也没有什么价值了，不过这口井早晚还是得填起来，还不如现在就把井填了。”于是，农夫请来邻舍们准备帮助他将驴子埋了，一方面帮它解除痛苦，另一方面把这口井填平。邻居们开始铲土往枯井中填。这时候，聪明的驴子很快就领悟到了主人的用意，开始凄惨地哭了起来。但出人意料的是，一会儿驴子就安静下来了。

农夫好奇地探头往井底一看，顿时赞叹自家驴子的智慧。当人们将土扔到驴子的背部时，驴子的反应却令人称奇——它将泥土抖落在一旁，然后再将土踩在脚下。人们不断地填土，驴子就不断地踩。就这样，驴子将人们铲到它身上的泥土全数抖落在井底，然后再站上去。没过多长时间，驴子就上升到井口，在场围观的人无不用惊讶的表情看着刚刚自救成功的驴子。

生活中，人们所遭遇的各种各样的困难挫折就像是压在人们身上的“泥沙”。人们只要以锲而不舍的精神将它抖落掉，然后站上去，“泥沙”就变成了成功道路上的垫脚石。“艰难困苦，玉汝于成。”困难可以练就人的素质，提高人的才干，磨炼人的耐性及承受能力。只要你能坚持不懈，困难自会低头，成为磨炼我们坚强性格的磨刀石。

第三节　人生动力与个人发展

现代科技和经济社会的发展大大改变了人们的生活方式，但也带来了很多新的问题。例如，汽车使人的出行更为便捷，但过多汽车的生产和使用，造成了城市交通拥堵、交通事故频发，还造成了环境污染。互联网的使用，不仅方便了人际沟通、信息获取，而且还可以进行网络购物、网上交易。但同时，信息垃圾、虚假信息、网络诈骗、黑客侵袭等问题也让人烦恼。

看来凡事都有两面性，社会发展是这样，人生发展又何尝不是如此呢？这就产生了如何看待人生发展中的矛盾、如何解决人生发展中的矛盾的问题。现代青年不但不应害怕矛盾、回避矛盾，而且应当学会正确看待矛盾、分析矛盾、解决矛盾、驾驭矛盾，推动和实现人生的发展。

一、矛盾是人生发展的动力

（一）人生发展中的矛盾不能回避

随着我国经济建设的不断升级，社会亟须大量的高素质技能型人才。具有较强操作能力、社会能力、发展能力的人才越来越受到青睐，而那些专业知识技能不足、社会适应力差、综合能力不强的人在市场竞争中则处于劣势。一方面，企业对劳动者的要求越来越高；另一方面，我们自身在知识、能力、品格等诸多方面还存在着很大的差距。不断完善自己，提高自身的综合素质，以适应社会的发展需要已经成为摆在我们面前刻不容缓的问题。

人的一生是在不断产生矛盾、不断解决矛盾中度过的。回想自己成长的道路，会发现在生活中的各个方面，我们都经历过一个又一个的矛盾，解决了一个又一个的问题。现在的生活中依然还有许多的矛盾和问题等待我们去解决。将来毕业走上社会，参加工作，也会有各种复杂的矛盾等待着我们。比如，工作中的顺利与困难；人际交往中与领导、同事、服务对象之间的关系处理；生活中的恋爱、婚姻、家庭问题等。大到人生决策，小到日常琐碎事务的处理，无不充满着矛盾。

生活本身充满矛盾，人生就是一个必定要经历各种各样矛盾的历程。即将踏入职业岗位的青年学生，首先面临的就是社会需求与自身现状之间的矛盾，这一矛盾我们是回避不了的，也是必须要面对和解决的。既然人生回避不了矛盾，就有一个如何认识矛盾、用什么样的态度对待矛盾、用什么方法解决矛盾的问题。

（二）矛盾是事物发展的源泉和动力

从1918年近亿人丧生的西班牙大流感，到2009年全球大流行的甲型H1N1流感，再到2013年发现的H7N9型禽流感，2019年末的新型冠状病毒肺炎，人类和病毒之间的“道魔之争”纠缠已久。流感带给人们恐怖的同时，也推动了医学研究乃至整个自然科学领域的巨大变革和发展。随着医学技术的发展及医学界对流感认识的深入，新的流感疫苗不断被研发出来，人们对流感的预防越来越科学。人类与流感之间的斗争是持续存在的，在这一过程中，公共卫生事业得以发展，医疗水平不断提高，人们的健康意识不断增强，文明的卫生习惯和生活方式也日益深入人心。

唯物辩证法的矛盾学说告诉我们，世界上一切事物的内部都包含着两个方面，这两个方面既相互排斥和对立，同时又相互依赖和统一。哲学上把事物自身包含的这种既对立又统一的关系叫作矛盾。世界上没有不包含矛盾的事物，没有矛盾就没有世界。

知识拓展

哲学上所说的矛盾是指辩证矛盾，是任何事物或过程自身所具有的相互斗争、相互分离、相互依存、相互转化的运动趋势和状态。如课堂中的教与学、比赛中的进攻与防守、经济发展中的竞争与合作、社会生活中的纪律与自由等，这种客观存在的现实矛盾就是辩证矛盾。

一讲到矛盾，我们很容易联想起中国古代寓言“以子之矛攻子之盾”的故事。说的是古代有个卖兵器的工匠，向集市上的人夸耀他的兵器如何好，说他的矛是世界上最好的矛，多么坚固的盾牌都能击破。又说他的盾如何坚固，不管多么锋利的矛也刺不破。有人问他，那用你的矛攻你的盾如何？此人张口结舌，无言以对。这个故事说的是此人说话在逻辑上自相矛盾，这里讲的“矛盾”是一种逻辑矛盾，是指人们在叙述问题时出现的前后抵触、不一致的现象，是思维中逻辑混乱的表现，是一种认识上的逻辑错误，应予排除。而哲学上讲的矛盾，不是主观思维中出现的逻辑矛盾，而是不论在自然界、社会还是在人生过程中，都无处不在的客观的矛盾。

矛盾的现象早就被古今中外的哲学家所注意和研究了。在我国的传统哲学中，有丰富的关于矛盾辩证法的思想。中国古代的哲学家很早就提出了“物生有两”“万物莫不有对”的思想，认为事物往往是成双成对出现的。在《老子》五千言中，就有关于阴阳、有无、大小、强弱、动静、正反、生死、存亡、兴废、美丑、善恶、攻守、治乱、古今等一系列相对相反的概念。老子指出，“有无相生，难易相成，长短相形，高下相倾，音声相和，前后相随”，即事物都是相辅相成的，各以其对立面为自己存在的前提。

矛盾是由彼此对立的双方构成的，正因为矛盾的双方在一定的条件下共处于一个统一体当中，这个事物才能存在和发展。俗话说“不是冤家不聚头”，就是说对立的双方既是相互斗争、相互排斥的，又是相互联系、相互依赖的。对立是统一中的对立，统一是对立中的统一。由于矛盾的斗争性和矛盾的统一性相互联结，对立的双方又统一又斗争，才推动了事物向前发展。因此，矛盾（既对立又统一）是事物发展的动力和源泉。

吸引和排斥的相互作用，推动了天体的运动和演化。同化和异化、遗传和变异的相互作用，推动了生命运动的发展和进化。人类社会也是由于生产力和生产关系、经济基础和上层建筑的相互作用才不断发展的。正确认识与错误认识的相互作用，是推动人们的思想前进的动力。这些现象揭示着辩证法的一个重要道理，即事物的矛盾推动着事物的运动、变化和发展。人生矛盾是人生中各种关系、各种因素之间的对立统一，处理这些矛盾的过程也是人生发展的过程。正是由于这些矛盾不断整合与裂变、共生与摩擦，将人磨砺成熟。人生在不断解决矛盾中度过，矛盾也是推动人生进步的源泉和动力。

矛盾存在于一切事物之中，无论在自然界、人类社会或是在人们的思维领域，事事有矛盾。矛盾也贯穿于事物发展过程的始终。事物从开始萌芽，到发展壮大，再到走向灭亡，每一时刻都存在着矛盾。旧的矛盾一经解决，新的矛盾就会产生，时时有矛盾。矛盾的这个特点称为矛盾的普遍性。

世界上的事物虽然都有矛盾，但是每个事物的具体矛盾却各不相同。我们生活的世界之所以千差万别、纷繁复杂，正是因为事物所包含的矛盾具有不同的特点。事物是不断变化发展的，其包含的矛盾也在不断地变化和发展，在事物不同发展阶段的矛盾也各有各的特点。矛盾的这一特点叫作矛盾的特殊性。

改革开放 40 多年来，中国社会处于快速发展中，中国社会的主要矛盾也在发生阶段性的变化。因此，要认识和把握我国的基本国情必须密切关注和认识社会发展的阶段性特征，深入分析和认识社会主要矛盾阶段性转化的特点。十九大报告指出：“中国特色社会主义进入新时代，我国社会主要矛盾已经转化为人民日益增长的美好生活需要和不平衡不充分的发展之间的矛盾。”同时，我国社会生产力水平总体上显著提高，社会生产能力在很多方面进入世界前列，更加突出的问题是发展不平衡不充分，这已经成为满足人民日益增长的美好生活需要的主要制约因素。在中国特色社会主义进入新时代的重要历史阶段，党中央做出我国社会主要矛盾发生转化的重大政治论断，体现了我们党对当今中国社会发展阶段性特征和中国社会主要矛盾的阶段特殊性的深刻而科学的认识，是对唯物辩证法的科学运用，为制定党和国家的大政方针、长远战略提供了重要依据。

学习唯物辩证法关于矛盾对立统一的观点，要求我们：第一，要坚持两点论，学会一分为二地和全面地看问题。既然任何矛盾当中都包含两个方面，那么，要全面地看待事物，就要掌握两点论的分析方法，即对任何事物都要坚持两分法，既要看到矛盾的一个方面，也要看到矛盾的另一个方面。如果看问题只看一个方面，丢掉或否认另一个方面，就叫一点论。一点论是形而上学、片面地看问题的方法。第二，要坚持从对立统一的相互作用中把握和解决矛盾，促进事物的发展。在对待事物的发展中，既要看到矛盾双方的对立、差别和不同，还要看到矛盾双方的相互依赖和互相贯通，既要看到矛盾双方的对立性，也要看到矛盾双方的统一性。只有从对立统一的相互作用中把握和解决矛盾，才能找到解决和处理矛盾的正确方法，促进事物的发展。

（三）积极面对和解决人生矛盾，促进自身发展

矛盾是一切事物所固有的，不以人们的主观意志为转移，矛盾不会因为我们惧怕它、回避它而消失，也不会因为我们任意夸大或缩小而改变。我们必须敢于承认矛盾，正视矛盾，积极地面对它，不能害怕、回避和掩盖矛盾。人的一生，就是生活在种种矛盾中，没有矛盾的生活状态是不存在的。社会的进步是在不断解决各种矛盾中实现的，人的一生也是一样。我们不仅不能逃避人生中的矛盾，还要清楚地认识到人生矛盾是推动人生发展的动力，要以此为契机，在解决矛盾的过程中推动人生发展。

积极地面对矛盾，还要正确地分析和解决人生道路上的矛盾，这就需要用矛盾的观点看问题。

在对矛盾进行分析的时候，要做全面的分析，要看到矛盾的两个面，不能只看一面而忽视另一面。对自己也要进行全面的分析，既要看到自己的优势，也要看到自己的劣势。在确立自己的人生目标的时候，要看清生活与理想的矛盾，只有从对立统一的相互作用中把握矛盾，才能找到解决和处理矛盾的正确方法。

任何事物都有两面，全面地看问题是指要看到矛盾的两个方面。片面地看问题是指只看一面，不看另一面，是思想方法上的片面性和绝对化。如对人对事肯定一切或否定一切；在学习、工作中只看见顺利条件或只看到困难因素；在生产中只注重经济效益而忽视环境保护；等等。一旦陷入了片面性，看问题做事情就会以偏概全，就会走极端。所以，看待问题或者处理事情，都要用全面的观点，切忌片面性。

在分析和解决不同矛盾的时候，要依据其特点对具体问题进行具体分析，找出解决矛盾的正确方法。“对症下药”“量体裁衣”“因材施教”“因地制宜”等成语，就说明了这个道理。国家的发展道路不能照搬，人生的发展道路也是一样。人们都渴望成功，但每个人生活的时代、背景不同，个体也有差异。我们可以学习他人取得成功的经验中具有普遍性的内容，却无法复制他人的具体成功方式中一些具有特殊性的东西。

人总是在矛盾中成长，要学会和矛盾打交道，增强解决矛盾的智慧与能力，在错综复杂的矛盾中求生存、求发展。有些矛盾容易解决，有些矛盾却很难解决，这时就需要我们坦然面对，积极、努力、乐观、理智地去解决矛盾。

面对事业上的坎坷，是怨天尤人地终日悲叹，还是乐观豁达地从容面对？苏轼对于人生矛盾的处理让他成为中国历史上少有的全能型文坛领袖。面对身体上的残疾，

是放弃自己还是砥砺自己？海伦·凯勒对于人生矛盾的处理让她成为举世敬仰的作家和教育家。面对疾病的折磨，是悲观死去还是笑对不幸？贝多芬对于人生矛盾的处理让他创作出不朽的《命运交响曲》，享誉世界。当矛盾来临的时候，每一次选择都是人生的一次跨越。

敢于直面人生中各种矛盾，乐观地接受它的洗礼、陶冶、摔打的人是生活中真正的强者；相反，掩盖矛盾、回避现实，畏缩、逃避、屈服、丧志的人则是懦夫。要以宽宏豁达的心态和高瞻远瞩的目光看待社会、看待世界，直面人生境遇中各种矛盾的挑战，以积极的态度对待人生矛盾，以自身的发展争做生活的强者。

二、坚持内外因相结合，促进人生发展

（一）人生发展不能只靠外部环境

哲理故事

被英国媒体称作斯诺克“东方之星”的丁俊晖性格内向、好强，是个外柔内刚的人。台球是一项需要强抗压能力的体育运动，强大的心理素质和自信，让丁俊晖具备了成为一名优秀的斯诺克选手应该拥有的最关键的因素。他从9岁起开始接触台球，浓厚的兴趣和坚强的意志支撑着他每天练习八个小时。父亲带他参加了中国台球国家队，拜台球界的顶尖高手为师，在球台上磨炼技术，参加比赛获得经验。在经济困难的时候，父亲劝说母亲卖掉房子供他继续打球。在丁俊晖的身边，父亲负责他的练习、比赛，母亲负责他的饮食起居，经纪人帮他对外联络、安排训练日程及比赛时间，赞助商负责他的学习、涉外公关及包装。

矛盾是事物发展的动力，矛盾着的双方是既对立又统一的关系，推动着事物的运动、变化和发展。在具体分析矛盾推动事物发展的时候，会发现任何具体事物的发展都是由多种矛盾引起的，其中既有事物内部的矛盾，也有事物外部的矛盾。丁俊晖的成功，离不开他的父母、合伙人为他创造的外部条件，但仅有优良的外部条件是远远不够的，还在于他自身优秀的素质和刻苦努力的训练。

要进一步理解事物的发展，把握人生的进程，还需要我们进一步研究内部矛盾与外部矛盾的辩证关系及其对事物发展的作用。

（二）事物的发展是内因外因共同作用的结果

哲学上把事物内部的对立统一，即事物的内部矛盾，叫作内因。把事物与其他事物之间的对立统一，即事物的外部矛盾，叫作外因。事物的变化发展是内因和外因共同作用的结果。

事物的发展变化是内因和外因共同起作用的结果，但是，内因和外因在事物发展中的地位和作用却是不同的。

内因是事物变化发展的根据。事物的变化发展，主要是由事物的内部矛盾引起的。事物内部矛盾的双方既互相依赖又互相斗争，斗争的结果使矛盾双方的地位、力量发生变化，从而推动事物的运动、变化和发展。内部矛盾是事物发展的源泉，决定着事物的性质和发展方向。

外因是事物变化发展的条件。虽然内因是根本原因，决定事物的性质和发展方向，但仅有内因，事物也不可能发展。任何事物都和周围的其他事物相互联系着，孤立的事物是没有的，因此事物要发展还必须具备一定的外部条件。外因是事物变化发展的必要条件，能够加速或延缓事物的变化发展，对事物变化发展起到了影响和制约的作用。

知识拓展

唯物辩证法认为，矛盾是事物发展的动力，事物的内部矛盾是事物发展变化的根本原因。与唯物辩证法相对立的形而上学观点则否认事物内部矛盾的存在，把事物变化的原因归结为外部力量的推动。例如：近代西方有的哲学家认为，炎热国家的人民，就像老头子一样怯懦，寒冷国家的人民，则像青年人一样勇敢。认为一个国家人民的心理素质完全是外部气候决定的。这样的观点是片面的。

事物的发展过程中内、外因二者缺一不可。一个人是否健康成长，生活的是否幸福快乐，起决定作用的是他自己，但是同样也会受到其他外界因素的影响，与学校、家庭、社会是分不开的。孟母三迁的故事告诉我们环境对于个人成长的重要性。这些都说明外因虽然对事物的发展不能起决定作用，但也会影响事物的发展。

外因通过内因起作用。外因对事物发展的作用，表现在对事物内部矛盾的影响上，即通过促使内部矛盾双方的变化而推动事物运动、变化和发展。因此，外因必须通过内因才能起作用，绝不可能撇开内因而单独起作用。金钱地位、贫苦穷困、权势武力可以使意志薄弱者迷失方向，但对于意志坚强者却无能为力，其原因就在于外因必须通过内因才能起作用。

（三）正确处理自身努力和外部条件的关系

内因和外因在事物发展过程中同时存在，在分析矛盾解决问题时，就要坚持内因和外因相结合的观点。

首先，要重视内因的作用。内因是根据，个人成长首先要靠自己的主观努力，要积极发挥自己的主观能动性，提升个人素质。“师傅领进门，修行在个人。”再好的条件也不能代替个人的努力，人生的道路要靠自己走。所以，一个人进入社会，不论在什么单位、什么岗位工作，提高自身素质是获得人生发展的关键因素。

提升自身素质是自我增值、也是人生成功的必经之路。我们要意识到，开放的、竞争的、充满生机的社会，要求我们具备社会交往的能力，竞争与合作的意识和能力，获取、筛选、处理信息的能力，高度的文化科学素质，发展创新、开拓进取的精神以及高度的法制观念和道德水平等。

其次，注重内因的同时，也不能忽视外因，外部环境对于个人成长起着非常重要的作用。人生成长路上很多的客观条件无法选择，如家庭背景、出生地、成长的时代等，但有些条件是可以自由选择的，如结交的朋友、学习的榜样等。要努力争取和创造有利于自己成长的外部条件来发展自己，获得人生的进步。

《孔子家语》中说道：“与善人居，如入芝兰之室，久而不闻其香，即与之化矣；与不善人居，如入鲍鱼之肆，久而不闻其臭，亦与之化矣。”意思是和品德高尚的人交往，就好像进入了摆满芳香的芝兰花的房间，时间久了就闻不到兰花的香味了，这是因为自己已经与香味融为一体了。和品行低劣的人交往，就像进入了卖咸鱼的店铺，久而久之就闻不到臭味了，这也是因为自己与臭味融为一体了。孔子的这段话告诫人们：必须要谨慎选择相处的朋友和环境，因为他们会对我们的成长产生极其重要的影响。

个人成长过程中，自身努力即为内因，外在条件即为外因。要把实现人生发展放在自身努力之上，用有利的外部条件来激发自己的潜能，不断调整和充实自己，不断增强自己的综合素质。随着自身素质和能力的提高，才能把握机遇，实现人生的发展。

人生的路是自己走出来的，既要努力提高自身素质，又要想办法创造良好的外部环境，处理好自身努力与外部条件的关系，才能促进人生发展，创造出自己理想的人生。

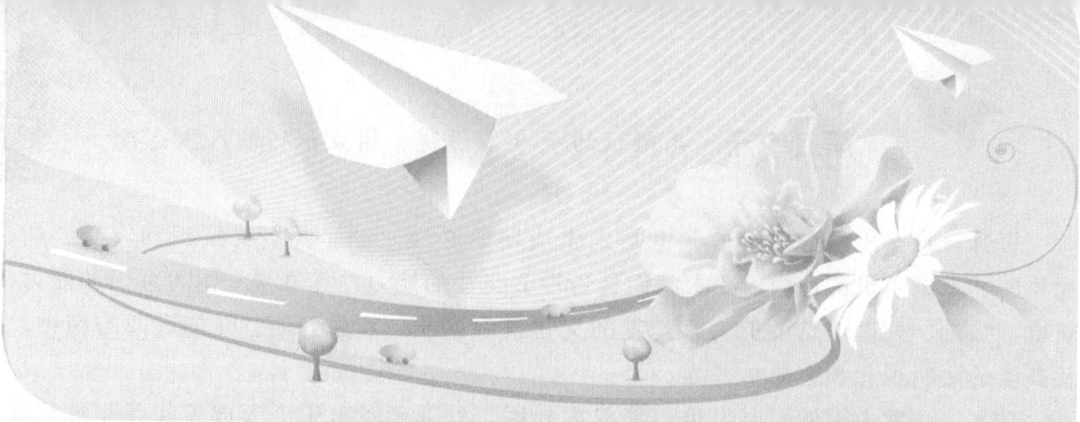

第三单元 坚持实践与认识的统一，提高人生发展的能力

学习目标

1. 了解实践的含义、形式和特点；
2. 掌握认识的本质；
3. 理解实践与认识的辩证关系；
4. 能够识别假象，明辨是非；
5. 能运用科学思维提高创新能力。

第一节　知行合一与提升能力

一、实践的含义、形式和特点

（一）实践的含义

实践是以改造客观世界为目的，主体和客体之间通一定的中介发生相互作用的过程，是人与世界之间的物质和能量的交换的关系。主体是具有思维能力，从事社会实践和认识活动的人；客体是指实践和认识活动所指向的对象。中介是指各种形式的工具、手段以及运用操作这些工具的程序和方法，包括两大子系统：作为人的肢体延长与体能放大的工具系统，作为人的感官和大脑延伸与智力放大的工具系统。实践是认识的基础，是一切科学的来源。实践的观点是马克思主义认识论的首要的和基本的观点。

（二）实践的形式

人类社会丰富多彩的实践中，综合起来主要是以下三种基本形式：

第一种：生产实践。这是处理人与自然关系的实践活动，即物质生产的活动。这是人类最基本的实践活动，是决定其他一切实践活动的前提和基础，是人类认识的最基本的源泉和动力。

第二种：处理和变革，人与人的社会关系的实践，即人类的社会交往以及组织、管理和变革的社会关系的活动。在阶级社会里主要表现为阶级斗争的实践。这是处理人与人以及人与社会的关系的实践活动。

第三种：科学实验。这是从生产实践中分化出来的相对独立的一种实践活动，是专门为了认识世界而进行探索的准备性活动。

（三）实践的特点

实践具有客观现实性、自觉能动性、社会历史性的三个基本特点。

第一，客观现实性。实践是客观的物质的活动。实践的要素、过程和结果都是客观的。

第二，自觉能动性。实践是人有意识、有目的地改造客观世界的活动，具有目的性、自主性和创造性。这种自觉能动性是人区别于动物的特点，也是实践发展水平的标志之一。

第三，社会历史性。实践是历史发展的活动，具有社会历史性。实践不是孤立的个人的活动，而是社会活动，并受着一定历史条件的制约。

哲理故事

历代的科学家、思想家、政治家都是在实践中克服困难，成就伟大事业的。世界著名的物理学家牛顿出生时，父亲就死了，两岁时母亲又改嫁；英国物理学家和化学家法拉第出生于一个穷苦的铁匠家庭，全家靠救济为主，13 岁上街卖报，14 岁到钉书店当学徒，后遇英国化学权威戴维，才当了皇家学院的助手；罗蒙诺索夫是渔民的儿子，8 岁死了母亲，受继母虐待，白天去捕鱼，夜晚躲进板棚中读书，19 岁徒步到离家 2000 公里之外的莫斯科求学，因不是贵族子弟而被拒之门外；我国的著名地质学家李四光，早年全家住在湖北黄冈的一座破庙里，靠父亲打柴度日，他 12 岁前一直打柴补贴家里的生活；人民音乐家冼星海留学巴黎，做过跑堂、理发店杂役、看电话的佣人等，几十次失业，有时饿得

瘫在街头。司马迁编写《史记》用了18年，司马光编写《资治通鉴》用了19年，哥白尼写《论天体的运动》用了30年，歌德写《浮士德》用了60年，马克思写《资本论》用了40年，达尔文写《物种起源》用了28年，门捷列夫发现元素周期率历经20年。

爱迪生为了发明电灯做了1500多次实验都没有找到适合做灯丝的材料，有人嘲笑他说："爱迪生先生，你已经失败了1500多次了。"爱迪生回答说："不，我没有失败，我的成就是发现1500多种材料不适合做电灯的灯丝。"

清代小说家曹雪芹。出身于一个"百年望族"的大官僚地主家庭，后因家庭的衰败使曹雪芹饱尝了人生的辛酸。他在人生的最后几十年里，以坚韧不拔的毅力，历经十年创作了《红楼梦》并专心致志地做着修订工作，《红楼梦》是中国古典小说中伟大的现实主义作品、成为中国的四大名著。

所以，研究发现，古今中外成功人士所共有的素质主要有：远大志向、渊博的知识、充分的自信、忠实的作风、坚定的毅力、积极的心态、实诚的品质、无畏的勇气、冒险的精神、创新的能力等。

二、认识的本质

人的认识是在实践的基础上主体对客体的能力的、创造性的反映，是实践过程中发生的人与世界之间的信息交换关系。人只有在实践中变革客观对象，才能透过纷繁复杂的现象深入到事物内部，认识其本质和规律。正确的认识只能从实践中来，都是对实践经验的总结。认识具有反复性和无限性的特点。客观事物是复杂、变化地发展着，其本质的暴露和展现也有一过程；人们对客观事物的认识又会受到各种条件的限制，这就决定了人们对一个事物的正确认识往往要经过实践到认识，再从认识到实践的多次反复才能完成。这样就体现了认识的反复性和无限性。但这种无限性不是一个原地不动、圆圈式的循环，而是表现为螺旋式上升。

知识拓展

人类与疾病的斗争是一个漫长且艰辛的过程。即便疫病已与人类相伴数千年，人们对于这些病毒的了解却一直有限。过去人们习惯把疫病当作一种纯粹的自然现象，而忽视社会行为的干预。历史经验表明，疫病的灾难性后果是由病毒、宿主和社会因素之间复杂的相互作用共同产生的。疫病影响着历史的走向，并以它的方式警醒人对自然的敬畏，推动着人类自身进化与社会制度的革新。

1918年流感大流行是一场全球性H1N1甲型流感疫潮，也被称为"西班牙流感"。这种病毒的特征之一是在15岁至34岁青壮年中造成较高的死亡率。在1918年至1919年间，全球约有5亿人感染流感，超过5000万人死亡。这场致命的大流

知识拓展

感加速了一战的结束，深刻影响了人类社会的发展进程。大流感一直持续到 1919 年的夏季，在留下了令人震惊的死亡数字之后，悄然离开。但疫病对人类的影响并没就此结束。此后，全球又分别在 1957 年、1968 年、1977 年和 2009 年经历了四次流感大流行，但它们的危害性均有所降低。这无疑得益于 1918 年以来医学科学、社会经济、公共卫生等多方面的进步。抗病毒药物、疫苗、诊断测试法和全球流感监测技术已使人们比过去更有能力防控疫病，同时也带给人们更多思考。

提高人类对疫病知识的认知。客观认识疫病流行的双重影响。从消极的角度而言，疫病严重威胁了人类的生命安全，扰乱了正常的生活秩序。同时，疫病也给动植物和环境造成了不利影响。从积极的角度而言，疫病的发生推动了全球医学向前发展。认识病毒是攻克病毒的前提。人类对病毒的认识正是通过与病毒的斗争而不断深化的。

此外，在疫病救治过程中，有助于人类重新审视个体行为的影响，促进人们树立正确的健康观，摒弃不良的卫生习惯，增强人们对于疾病防治的社会责任感。疫病结束后，有利于推进全球疾病防控体系的建设，促进政府信息公开与资源共享，以及相关法律法规的出台和完善。国家也应该建立健全公共卫生体系，提高政府应对突发公共卫生事件的处置能力，切实保障民众的生命、健康和财产安全。再次，病毒源于自然也归于自然。可以肯定的是，禁止滥食、捕杀和饲养野生动物，能够降低人类接触和感染外来病毒的风险。

三、实践与认识的辩证关系

（一）实践是认识的基础

马克思主义哲学认为，实践决定认识，认识指导实践。这是一个双向的过程。马克思主义哲学强调实践与认识是辩证统一的关系，其主要表现为：

1. 实践是认识的来源

作为认识的主体人只有在实践活动中才能形成对认识对象的能动反映。而且，认识的内容也在实践的活动的基础上产生和发展。

哲理故事

“全心全意依靠工人阶级是党的根本方针，这是党对工人的充分信任。因此，作为工人一定要精益求精，做领跑者而不是跟跑者，第二名也是落后。”

“金牌工人”许振超铿锵有力地说。许振超1974年进入青岛港，当了码头工人。随着改革开放，对外贸易快速发展，港口也迎来了大发展。当过搬运工、电工、门机司机的许振超，此时被选为青岛港第一批桥吊司机。立志当一个好工人的许振超开始勤学苦练。平时，他吃完饭就跑去练，晚上大家休息了他还在练。很快，许振超就脱颖而出。1987年，许振超曾创出2小时卸载120个集装箱的纪录，当时青岛港装卸效率仅为每小时30多个集装箱。

但随后一件事深深刺痛了许振超。一次，桥吊突然坏了，国内没人会修。外国专家来后，不让港口工人看维修过程，12天拿走了4.3万元人民币，等于许振超当时10年的工资！“当时发誓一定要攻克难关，挺起中国码头工人的脊梁！”许振超说。

他一头扎进了攻关中。电路板只有书本大小，正反两面分布着2000多个焊点，线路细如发丝，若隐若现。他将电路板放在玻璃上，下面安上100瓦灯泡，在强光照射下，电路板上隐身的线路显现出来，他赶紧一笔一笔地绘制成图。

为了看懂桥吊英文说明书，初中都没有上完的许振超从头学英语。“经常刚背完的单词转头就忘了，没办法，那就接着背。”许振超说：“弄懂这些技术和原理，开桥吊的时候操作就更科学规范了，机器不容易坏，坏了我也自己能修。”

1992年10月，许振超当上了桥吊队队长。他把自己摸索出的“一钩准”“无声响操作”等绝活儿向队员传授。2003年4月27日夜，国际巨轮“地中海法米娅”轮靠港，需装卸3400个集装箱。许振超给大家鼓劲加油：“咱工人是码头的脊梁，一定为中国人争口气。”8台桥吊一字排开，吊起8个集装箱几乎同时轻轻落下船来。鏖战6小时27分钟，桥吊队创出了单船效率339个自然箱的世界纪录！

2. 实践是认识的发展的动力

实践是推动认识发展的决定力量。实践的发展不断提出新的问题，规定认识发展的方向，推动人们去进行新探索和研究，并为这些问题的解决供新的经验和认识工具；实践的发展不断改造人的主观世界，锻炼和提高人的认识能力。

3. 实践是认识的目的

实践是认识的开端，也是认识的归宿。人们认识世界的目的在于指导实践，并有效地改造世界。人们的认识来源于实践，最终还要回到实践中，指导实践、接受实践的检验。人们的认识活动遵循着“实践——认识——实践”以至无穷的这样一个循环往复的过程。

4. 实践是检验认识真理的唯一标准

真理是同客观实际相符合的主观认识。检验真理就是需要判明主观认识和客观实际相一致。实践是检验认知真理性的唯一标准。我们应该努力学习，注重实践，在实践中验证知识正确与否。

哲理故事

越国没有车，越国的人也一直都不懂得该如何造车。越人很希望学会造车的技术，好将车用在战场上，增强本国的军事力量。

有一次，一个越人到晋国去游玩。野外空气新鲜、风景美丽，他一路走一路看，不知不觉到了晋国和楚国交界的郊野。忽然，不远处的一件东西将他的视线吸引过去。“咦，这不是一辆车吗?”这个越人马上联想起在晋国见到过的车。这东西确实是辆车，不过毁坏得很厉害，所以才被人弃置在这里，这车的辐条已经腐朽，轮子毁坏，车辕也毁了，上上下下没有一处完好的地方。但这个越人对车本来看得不真切，又一心想为没有车的家乡立一大功，就想办法把破车运了回去。

回到越国，这个越人便到处夸耀：“去我家看车吧，我弄到一辆车，是一辆真正的车呢，可棒了，我好不容易才搞到的呢!”于是，到他家去看车的人络绎不绝，大家都想一睹为快。几乎每一个人都听信了这个越人的炫耀之词，纷纷议论着说：“原来车就是这个样子的啊!”“看上去怕不能用吧，是不是损坏过呢?”“你不信先生的话吗?车一定本来就是这个样子的。”“对，我看也是。”这样，越人造起车来都摹仿这个车的形状。

后来，晋国和楚国的人见到越人造的车，都笑得直不起腰来，讥讽说：“越人实在太笨拙了，竟然将车都造成破车，哪里能用呢?”可是越人根本不理会晋人和楚人的讥讽，还是我行我素，造出了一辆辆的破车。

终于有一天，战争爆发了，敌人大兵压境，就要侵入越国领土了。越人一点也不惊慌，从容应战，他们都觉得现在有车了，再没什么可怕的，越人驾着破车向敌军冲过去，才冲了没多远，破车就散了架，在地上滚得七零八落，越国士兵也纷纷从车上跌落下来。敌军趁乱杀将过来，把越人的阵形冲得乱七八糟，越人抵挡不住，死的死，逃的逃，投降的投降，兵败如山倒。可是直到最后，他们也不知道自己是败在了车上。

（二）认识对实践具有反作用

在实践的基础上，认识是从感性认识上升到理性认识的过程。感性认识是人们通过感官对事物各个片面、现象和外部联系的反映。它包括感觉、知觉、表象三种形式。它是认识的初级阶段。比如：太阳的东升西落等就是感性认识。理性认识是认识的高级阶段。它是对感性认识加工而形成的，具有间接性。理性认识是通过判断推理对事物全体、本质和内部联系的反映。它包括概念、判断、推理三种形式。比如：明白太阳东升西落的原因。理性认识超出对事物感性形象的反映，深入到了事物本质，具有抽象性。理性认识比感性认识更具高级性。

认识世界的目的是改造世界，改造世界的实践又需要理论的指导，理性认识只有回到实践中去，才能实现其指导实践、改造世界的目的。理性的认识只有回到实践中，才能得到检验、丰富和发展。理性认识是否正确，只有回到实践中才能得到检验。在实践中，正确的理性认识得到证实，错误的理性认识得到纠正，不完善的理性认识得到丰富，并且随着实践的发展而发展。

知识拓展

在中国发展壮阔历程中，走向共同富裕始终是温暖人心的目标。建成世界上规模最大的社会保障体系；脱贫攻坚战取得全面胜利，现行标准下近1亿农村贫困人口全部脱贫……中国奇迹之所以震撼人心，不仅在于规模和速度，更在于始终坚持共同富裕，让发展的阳光照进每个人的生活。

共同富裕是社会主义的本质要求，是中国式现代化的重要特征。习近平总书记强调："必须把促进全体人民共同富裕摆在更加重要的位置，脚踏实地，久久为功，向着这个目标更加积极有为地进行努力。"在迈向现代化的过程中，我们始终坚持以人民为中心的发展思想，始终坚持发展为了人民、发展依靠人民、发展成果由人民共享，追求"让改革发展成果更多更公平惠及全体人民"的共同富裕，彰显了正确的发展观、现代化观。实现共同富裕不仅是经济问题，而且是关系党的执政基础的重大政治问题；不仅是发展目标，而且是我们党坚持全心全意为人民服务根本宗旨的重要体现。

改革开放后，我们党深刻总结正反两方面历史经验，认识到贫穷不是社会主义，打破传统体制束缚，允许一部分人、一部分地区先富起来，推动解放和发展社会生产力。党的十八大以来，以习近平同志为核心的党中央把逐步实现全体人民共同富裕摆在更加重要的位置上，采取有力措施保障和改善民生，打赢脱贫攻坚战，全面建成小康社会，为促进共同富裕创造了良好条件。现在，我们正在向第二个百年奋斗目标迈进，适应我国社会主要矛盾的变化，更好满足人民日益增长的美好生活需要，必须把促进全体人民共同富裕作为为人民谋幸福的着力点，不断夯实党长期执政基础。

正确认识历史方位和发展阶段，是我们制定路线方针政策的根本依据。考虑到我国仍处于社会主义初级阶段，仍是发展中国家，发展不平衡不充分问题仍然突出，因此促进全体人民共同富裕是一项长期任务，对其长期性、艰巨性、复杂性要有充分估计。要看到，实现共同富裕是一个在动态中向前发展的过程，不可能一蹴而就，也不可能齐头并进。共同富裕不是同时同步富裕，区域、城乡及个体间存在适度差异是正常的，不能要求所有地区、所有人同时富裕；共同富裕也不是同等富裕，不能要求不同区域、不同人群都达到全国一致的收入和生活水平。"富裕"体现效率、要求做大蛋糕，"共同"体现公平、要求分好蛋糕，我们追求共同富裕是统筹效率和公平，在不断做大蛋糕的过程中分好蛋糕，在高质量发展中促进共同富裕。

知识拓展

共同富裕是全体人民的富裕，不是少数人的富裕，也不是整齐划一的平均主义，要分阶段促进共同富裕。这就既要有长远眼光，也要有务实行动；既要有目标意识，也要有过程意识；既要有共性目标，也要有个性路径。各个地方实际情况各异、发展水平不同，要统筹考虑需要和可能，因时因势因地制宜设定发展目标，作出政策设计安排，按照经济社会发展规律循序渐进。同时，实现共同富裕也是一项现实任务，这项工作不能等。要自觉主动解决地区差距、城乡差距、收入差距等问题，推动社会全面进步和人的全面发展，促进社会公平正义，让发展成果更多更公平惠及全体人民，不断增强人民群众获得感、幸福感、安全感，让人民群众真真切切感受到共同富裕不仅仅是一个口号，而是看得见、摸得着、真实可感的事实。

为人民谋幸福、为民族谋复兴，是我们党领导现代化建设的出发点和落脚点。坚持以人民为中心的发展思想，在高质量发展中促进共同富裕，我们就一定能汇聚起14亿多中国人民的磅礴力量，实现中华民族伟大复兴的中国梦。

——选自《人民日报》

（三）坚持实践与认识的统一

认识与实践相统一是马克思主义的一个基本在原则，它要求我们，即要积极参加社会实践活动，又要在实践活动中不断总结经验和反思，从而提高我们认识水平。认识和实践作为一个统一的整体，两者是不能分离的。如果只有认识，没有实践，就成为死读书；如果只有实践而没有理性认识，就只有一些狭隘的经验。

知识拓展

在中国哲学中，认识和实践的关系表述为知与行的关系。从孔子到孙中山，十分重视知行问题的探讨，提出了许多深刻的思想。其主要观点有：

第一，行先于知，由行致知。一些具有唯物主义倾向的哲学家大都认为行先于知，主张由行而致知，在一定程度上肯定了实践是认识的基础和源泉。孔子说：“行有余力，则以学文。”把“行”放在对知识的掌握（学文）之先。墨子说：“言足以复行者常（尚）之，不足以举行者勿常（尚）。”强调言行一致者值得崇尚。荀子把“行”作为出发点和归宿，指出“不闻不若闻之，闻之不若见之，见之不若知之，知之不若行之。学至于行之而止矣”，并对“行”在认识中的地位和作用有深刻的理解，他说：“不登高山，不知天之高也；不临深溪，不知地之厚也。”先秦以后，历代具有唯物主义倾向的哲学家，都有关于“行先于知”的论述，其中最具代表性的是明清之际的王夫之，他建立了“行先后知”“行可兼知”“知行相资以为用”“知行并进而有功”的比较完备的朴素唯物主义的知行学说。

知识拓展

第二，知之明也，因知进行。许多唯物主义哲学家还辩证地肯定了知对行的指导作用。荀子说，“知明”则“行无过矣”。他认为有两类人：一类人知而后行，以知统行，这是“君子”；另一类人知而不行，知行脱节，这是“小人”。《礼记·大学》把“格物致知”放在八条目（格物、致知、诚意、正心、修身、齐家、治国、平天下）之首。王夫之指出“知行终始不相离”，他既强调“力行而后知之真”，同时又提出“行听乎知”。孙中山提出“因知以进行”“能知必能行”，指出人类的认识是在“以行而求知，因知以进行”“行其所不知以致其所知”“因其已知而更进于行”的过程中不断前进的。

第三，以行验知，以行证知。孔子提出要“听其言而观其行”。墨子认为，判断言论是非真伪的标准有三个，即以前人的间接经验、群众的直接经验、运用于社会政治的实际效果作为检验认识的标准。荀子认为有价值的知识和言论必定是“有符验而可施行”的。韩非提出以“参验”作为检验认识的标准，“参验”的标准既包括事实的排列比较，经验的互相参照，也包括实践效果的验证。王充认为，对于各种知识和言论，要坚持以“效验”来“订其真伪，辨其虚实”。孙中山则明确提出，认识的正确与否，不仅要通过行才能得到证明，还要对实际生活产生作用。

第四，知行并进，相资为用。关于知和行的辩证关系，中国哲学史上许多唯物主义哲学家都认识到知行并举，相互促进。其中，尤以王夫之关于“知行相资以为用”“知行并进而有功”的论述最为明确和深刻。他既反对在知先和行后之间划一条截然界限，又反对混淆知行差别、取消先后次序的“知行合一”说。至于一些唯心主义哲学家把知行混同，是不可取的，但强调知与行不可分割这一点还是有合理之处的。如南宋的朱熹说的“知之愈明，则行之愈笃；行之愈笃，则知之益明”。明代的王守仁提出的“知是行的主意，行是知的功夫，知是行之始，行是知之成”。

中国传统哲学中的知行观由于受当时的社会条件的限制，难免带有历史的局限性。但他们所提出的许多深刻的见解，对于我们仍具有启发意义；认真总结这些思想，有助于加深对马克思主义认识论的理解，并可作为丰富和发展马克思主义认识论的有益借鉴。

四、在知行统一中提高人生发展能力

坚持认识与实践的统一，要求我们实践过程中不断提高认识事物的能力。人生活在世界上，只学习课本知识，或者只实践不思考都无法培养我们认识世界、改造世界，了解自己、发展自己的能力。但是大量的实事也表明，由于人的认识事物和解决事物能力和水平不一样，有人的能力强，有的人能力弱，有的人认识快，有的人认识慢，所以决定了每一个判断事物和认识问题的效果、结果也是有很大的差别，从而影响了人生的发展。

坚持认识与实践的统一，这要求我们在实践过程中将理论和实践相结合：首先，我们要从实际出发，坚持理论和实践相结合的原则。理性认识反映的是事物本质和规律，是特殊性的东西，实践所要解决的问题则是个别的、具体的事物。一般与个别、理论与实践既有联系又有区别，必须从实际出发，把一般理论和具体的实践结合起来，具体情况具体分析，而不能从理论原则出发，不顾实际情况地生搬硬套。

其次，要把关于客观事物本质和规律的认识同主体自身的需要和利益认识结合起来，形成正确合理的实践观念。理论向实践转化，根本目的是改变事物存在形式，以满足人的需要。因此，就必须以客观事物的事实性认识为基础，对客观的价值即它对人的作用做出科学的评价，按照客观事物的尺度（外在尺度）和人自身尺度（内在尺度），在观念中建构实践改造所应达到的理想客体，即形成实践观念。这是由理性认识向实践飞跃、变理论为现实的决定性的环节。

最后，理论必须被群众掌握，化为群众的自觉的行动。要最终把实践的观念和行动方案变为现实，还必须通过人的实践活动。群众是实践的主体，理论只有为群众所掌握，才能变为改造世界的物质力量。

所以，青年学生应当在知行统一的过程中不断地提高人生发展的各种能力。知行统一是马克思主义认识论的一个基本观点。从人的认识过程看，提高人生的发展的能力即离不开实践，更需要在实践中不断磨炼和探索，做到知行统一。因为人生的发展的各种能力是在实践和认识循环往复的过程中不断锻炼提高的。由于人们对事物的正确的认识往往需要经过实践和认识不断循环往复才能获得，所以人们正确认识和处理问题，不断提高人生发展各种能力的过程，不仅是一个学习的过程，而且也是一个实践的过程，更是在实践和认识循环往复中不断总结升华的过程。

哲理故事

花白的头发、和蔼的笑容、温和的言语……93岁的中国工程院院士黄旭华外表看起来朴实无华。

作为第一代攻击型核潜艇和战略导弹核潜艇总设计师，黄旭华仿佛将“惊涛骇浪”的功勋“深潜”在了人生的大海之中。

隐“功”埋名三十年

“从一开始参与研制核潜艇，我就知道这将是一辈子的事业。”黄旭华说。

1926年，黄旭华出生在广东汕尾。上小学时，正值抗战时期，家乡饱受日本飞机的轰炸。海边少年就此立下报国之愿。

高中毕业后，黄旭华同时收到国立中央大学航空工程系和上海交通大学造船系录取通知。在海边长大的黄旭华选择了造船。

新中国成立初期，掌握核垄断地位的超级大国不断施加核威慑。

上世纪50年代后期，中央决定组织力量自主研制核潜艇。黄旭华有幸成为这一研制团队人员之一。

执行任务前，黄旭华于1957年元旦回到阔别许久的老家。63岁的母亲再三嘱咐道："工作稳定了，要常回家看看。"

但是，此后30年时间，他的家人都不知道他在做什么，父亲直到去世也未能再见他一面。

1986年底，两鬓斑白的黄旭华再次回到广东老家，见到93岁的老母。他眼含泪花说："人们常说忠孝不能双全，我说对国家的忠，就是对父母最大的孝。"

直到1987年，母亲收到他寄来的一本《文汇月刊》，看到报告文学《赫赫而无名的人生》里有"他的爱人李世英"等字眼，黄旭华的9个兄弟姊妹及家人才了解他的工作性质。

与对家人隐姓埋名相比，黄旭华的爱人李世英承担了更大压力。忙时，黄旭华一年中有10个月不在家。结婚8年后结束两地分居，李世英才知道丈夫是做什么的。

"他生活简单随性，出去理发都嫌麻烦。后来，我买了理发工具学会理发，给他剪了几十年。"李世英说。

攻坚克难铸重器

核潜艇，是集海底核电站、海底导弹发射场和海底城市于一体的尖端工程。

"当时，我们只搞过几年苏式仿制潜艇，核潜艇和潜艇有着根本区别，核潜艇什么模样，大家都没见过，对内部结构更是一无所知。"黄旭华回忆说。

在开始探索核潜艇艇体线型方案时，黄旭华碰到的第一个难题就是艇型。最终他选择了最先进、也是难度最大的水滴线型艇体。

美国为建造同类型核潜艇，先是建了一艘常规动力水滴型潜艇，后把核动力装到水滴型潜艇上。

黄旭华通过大量的水池拖曳和风洞试验，取得了丰富的试验数据，为论证艇体方案的可行性奠定了坚实基础。"计算数据，当时还没有手摇计算机，我们初期只能依靠算盘。每一组数字由两组人计算，答案相同才能通过。常常为了一个数据会日夜不停地计算。"黄旭华回忆说。

核潜艇技术复杂，配套系统和设备成千上万。为了在艇内合理布置数以万计的设备、仪表、附件，黄旭华不断调整、修改、完善，让艇内100多公里长的电缆、管道各就其位，为缩短建造工期打下坚实基础。

用最"土"的办法来解决最尖端的技术问题，是黄旭华和他的团队克难攻坚的法宝。

除了用算盘计算数据，他们还采取用秤称重的方法：要求所有上艇设备都要过秤，安装中的边角余料也要一一过秤。几年的建造过程，天天如此，使核潜艇下水后的数值和设计值几乎吻合……

正是这种精神，激励黄旭华团队一步到位，将核动力和水滴艇体相结合，研制出我国水滴型核动力潜艇。

克己奉献乐其中

核潜艇战斗力的关键在于极限深潜。然而，极限深潜试验的风险性非常高。美国曾有一艘核潜艇在深潜试验中沉没，这场灾难悲剧被写进了人类历史。

在核潜艇极限深潜试验中，黄旭华亲自上艇参与试验，成为当时世界上核潜艇总设计师亲自下水做深潜试验的第一人。

“所有的设备材料没有一个是进口的，都是我们自己造的。开展极限深潜试验，并没有绝对的安全保证。我总担心还有哪些疏忽的地方。为了稳定大家情绪，我决定和大家一起深潜。”黄旭华说。

核潜艇载着黄旭华和100多名参试人员，一米一米地下潜。

“在极限深度，一块扑克牌大小的钢板承受的压力是一吨多，100多米的艇体，任何一块钢板不合格、一条焊缝有问题、一个阀门封闭不足，都可能导致艇毁人亡。”巨大的海水压力压迫艇体发出“咔嗒”的声音，惊心动魄。

黄旭华镇定自若，了解数据后，指挥继续下潜，直至突破此前纪录。在此深度，核潜艇的耐压性和系统安全可靠，全艇设备运转正常。

新纪录诞生，全艇沸腾了！黄旭华抑制不住内心的欣喜和激动，即兴赋诗一首：“花甲痴翁，志探龙宫。惊涛骇浪，乐在其中！”

正是凭着这样的奉献精神，黄旭华和团队于1970年研制出我国第一艘核潜艇，各项性能均超过美国1954年的第一艘核潜艇。建造周期之短，在世界核潜艇发展史上是罕见的。

1970年12月26日，当凝结了成千上万研制人员心血的庞然大物顺利下水，黄旭华禁不住热泪长流。核潜艇一万年也要搞出来的伟大誓言，新中国用了不到一代人的时间就实现了……

几十年来，黄旭华言传身教，培养和选拔出了一批又一批技术人才。他常用“三面镜子”来勉励年轻人：一是放大镜——跟踪追寻有效线索；二是显微镜——看清内容和实质性；三是照妖镜——去伪存真，为我所用。

作为中船重工第七一九研究所名誉所长，直到今天，93岁的黄旭华仍然会准时出现在办公室，为年轻一代答疑解惑、助威鼓劲……

五、知行合一，体验成功

人生的发展不仅是生命由生至死的自然过程，而且是个社会过程或生活过程，是一个认识世界改造世界的实践过程。只有做到知行统一，积极投入世界的实践的活动过程中，才能真正地体验到人生的成功。

（一）充分认识学习的重要性，树立终身学习的观念

青年学生要做到知行统一，必须对立终身学习的观念，掌握现代科学的文化知识。这是实现人生成功的得要前提。

现代社会科技发展一日千里，知识更新越来越快，青少年应该学会自主学习，培养学习的能力，奠定终身学习的基础，做到活到老、学到老。当今的青年人才处于高度竞争的社会环境之中。社会环境的变化主要体现在生活环境的多样化。其中经济成分和利益主体的多样化、分配方式的多样化、就业方式和生活方式的多样化，为青年人才的流动创造了条件和动力。为了适应这样的新的社会环境，中国青年“终身学习”的趋势逐渐形成。这是因为今天的社会对青年人才的要求，不仅是“不拘一格降人才”，而且是“因时因地降人才”“与时俱进降人才”。青年成才就要有“终身学习”的准备。这种趋势也是世界青年人才普遍出现的一种趋势。认识和引导这一趋势，对于全面提高青年人才的素质，帮助青年更好地适应社会，具有积极的意义。

其中，终身学习要做到以下几点：

1. 要重视思想道德修养方面的继续学习

走向社会的青年，有了更多的生活体验，更多的悟性，更加应该懂得为人的道理的重要，自觉地学习提高自己的科学的思想素质，合格的政治素质，良好的道德素质，健康的心理素质。

2. 注重提高自己的综合能力

社会对人才的需求，是人们无法事前进行预测的。过分地讲究功利主义，反而达不到功利的目的。在选择“终身学习”的内容时，不能过分“近视”，不能追逐热点，应该根据自己的基础和特点，进行科学的选择和安排。最好的继续学习，就是根据自己的已有的基础，百尺竿头，更进一步，有节奏进展，才能取得预想的效果。

（二）在实践中不断探索

青少年要做到知行统一，应当积极参加社会实践，了解社会，认识国情，增长知识，锻炼毅力，在实践中锻炼能力，增长才干。这是实现人生成功的必经之路。

知识拓展

一架大飞机有多少个零件，或许没有多少人知道，但飞机上只要有一个零件出了差错，都可能付出生命的代价。一名技术人员做到“零差错”的不易，或许没有多少人体会过，36 年里加工数十万件飞机零件无一次品，却是一种很难达到的境界。但有一个人做到了，他就是人称“航空手艺人”的全国劳模、上海飞机制造有限公司高级技师胡双钱。

知识拓展

胡双钱从小就喜欢飞机。小时候，为了看飞机，他不惜从家步行两个多小时到大场机场附近，躲在跑道边的农田里看飞机起落。炎炎夏日，他常常被水沟边的蚊虫叮得满身是包。胡双钱读书时，技校老师是位修军机的老师傅，经验丰富、作风严谨。“学飞机制造技术是次位，学做人是首位。干活，要凭良心。”这句话对他影响颇深。

胡双钱技校毕业后进入上飞公司。一进门，学钣铆工的他就被分配到专业不对口的机加车间钳工工段。一些人走掉了，可老实憨厚的胡双钱选择了留下。凭着“只要能造飞机，自己坚决服从组织分配”的一股劲，他开始了自己的钳工生涯。

有一天，胡双钱按流程给一架在修理的大型飞机做了拧螺丝、上保险、安装外部零部件的工作。“我每天睡前都喜欢‘放电影’，想想今天做了什么，有没有做好。”那天回想工作，胡双钱对“上保险”这一环节感到怎么也不踏实。保险对螺丝起固定作用，确保飞机在空中飞行时不会因震动过大导致螺丝松动。思前想后，胡双钱不踏实，凌晨3点，他又骑着自行车赶到单位，拆去层层外部零部件，保险醒目出现，一颗悬着的心才落了下来。

从此，每做完一步，他都会定睛看几秒再进入下道工序，“再忙也不缺这几秒，质量最重要!”

胡双钱身形精干，两鬓斑白。他专注打磨飞机零件的状态，就像一位匠人在倾心倾力完成他的作品。在飞机制造这个领域，这种“匠人精神”是不可或缺的。因为，在造飞机的过程中，许多零件要实现精细化，是无法完全通过数控机床、电子设备来实现的，还要靠手工完成。世界一流的飞机制造公司都保留着独当一面、不可替代的手工工匠。

成为不可替代，胡双钱靠的是全力投入，默默练习，攻坚克难。在多年的经历中，胡双钱最大的收获是对质量的坚持。他所在的岗位连续12年被上飞厂评为“质量信得过岗位”。2002年，他荣获上海最高的质量奖项——“上海市质量金奖”殊荣。

难题攻坚成为他工作的重要部分。经过数十年的实操积累和沉淀，胡双钱形成并总结出自己的一套方法和习惯。在工作前，他一定会先看懂图纸，了解工艺要求和技术规范，而在接收零件时，他也会先按照图纸检查上道工序是否存在不当之处，再动手加工零件。他还摸索出一些原理简单，却非常实用的“诀窍”，能够保证产品以优质的质量交付。譬如，用在划线步骤中的“对比复查法”就是他的“法宝”之一。常规做法中，人们会先涂有防锈作用的淡金水，然后使用划线液勾出零件形状。而在胡双钱的操作中，涂淡金水就是零件的初次划线。“这就好比在一张纸上先用毛笔写一个字，然后用钢笔再在这张纸上同一个地方写同样一个字，多一道步骤，多一次复查机会，也就多了一道保障。”

知识拓展

划线工序中的“反向验证法”也是胡双钱的自创。通常钳工在划线零件角度时，采用万能角度尺划线。复查时如果选择同样的方法路径，往往有差错也很难找到。胡双钱复查时则会采用三角函数算出划线长度进行验证。结果一致，就继续实施接下去的操作；结果不相符，那么就说明存在问题。多加一道验算增加了工作量，却保证了加工的准确和质量。

——选自 2018 工匠中国年度十大人物（央视网）

社会实践有利于扩大理论教育与实践教育的结合。青少年积极参加社会实践可以从不同角度、不同层次受到教育，在不同方面得到提高。社会实践活动的开展，可以使青少年深入基层、了解国情、体察民情、了解在社会的现实需要、发现自身的不足，通过理论与实践相结合的进一步掌握理论，提高认识水平。社会实践活动有利于青少年的成长，也是青少年成才的需要。青年学生要做知行统一，必须遵循理论与实践相结合的原则，即必须要学习书本的科学的知识，又要积极地参加社会实践，这也是人生成功的关键。

哲理故事

从一名普通的钳工，到负责设备运行维护的技术“大拿”，是什么让这位一线工人成为人人佩服的“发明家”的呢？

李超现任鞍钢股份公司冷轧厂 4 号线设备作业区作业长，鞍山钢铁集团公司特级技师，鞍钢技术专家，长期从事生产一线的设备改造、设备保障及研发工作。曾获全国劳动模范、全国五一劳动奖章等多项容易称号。

不断学习成就“技术大拿”

认识李超的人都知道，李超爱学习，善学习。20 多年来，李超一直坚持不懈的学文化、学技术。他认为企业越发展，越需要工人有文化、有技术。李超特别信奉终身学习的理念，多年坚持不懈，始终如一。

刚进厂时，李超文凭不高，仅是初中技校。在 8 年的漫长时间里，几乎所有业余时间都用在补习高中课程、上夜大上，最终取得冶金机械专业大学本科文凭。

不仅是在学校学习，平时工作中李超也非常注重向老工人们学习。每个老工人都有自己的技术诀窍，李超把他们都当成师傅，“勤干、勤问、勤走”是李超的学习工作法宝。李超说，自己最大的遗憾就是入厂之后并没有一位一直跟随的师傅，但是，向众多老师傅学习又让他学到了更多的技术诀窍，也从老师傅们身上学到了“鞍钢精神”。

不断创新工人中走出的发明家

李超参加工作以来，先后解决生产难题 260 多项，获得国家科技进步二等奖1项，国际、国家发明展览会金奖2项，辽宁省及鞍山市自然科学学术成果奖各1项，获国家发明专利7项，专有技术4项，65项成果获鞍钢集团和厂以上奖励，创造经济效益1.5亿元，被鞍钢公司聘任为特级技师。在第八届中国发明创业奖评选中，被授予发明创业奖的“当代发明家”称号。

李超师傅爱解决问题，在工作每解决一个问题都会让他很开心。在工作中每每遇到难以解决的问题总会激发他想要创新，想要另辟蹊径来解决问题。

李超立足企业生产经营和改革发展的现实需要，坚持不懈的通过发明改造解决各种设备和技术关键问题。

李超主导完成的《酸洗活套段改造》工程项目，使设备故障时间由几百小时降为全年3小时，大幅提高了设备作业率，使冷轧厂在只能利用一条设计能力40万吨生产线的不利条件下，完成了创纪录的100万吨产量，获得冷轧厂当年唯一的特等奖项目。他作为清洗机组的专业负责人，主要承担新建机组的专业技改工作，历经两年，填补了鞍钢公司清洗板材工艺的空白，提升了冷轧产品的表面质量。

为了满足汽车板开发的需要，主导研发完成了《冷轧机乳液分区自动吹扫装置的研发和应用》项目，成功解决了鞍钢冷轧联合机组带钢乳液残留问题，使鞍钢冷轧汽车板能够稳定地批量生产，欧五标准的合格率提高8%，耗电量节省了36%、现场噪声降低了25%，汽车板销量大幅提升，累计创效4500余万元。

为满足集团公司调整品种，技术升级的要求，对提升产品质量及拓展设备功能精度的项目进行立项技术革新，对《重卷机组的23辊矫直机、圆盘机、涂油机》等关键设备工艺进行升级。解决的进口设备——雾滴分离器不能发挥环保作用，造成环境污染的难题，让外方专家惊叹不已。李超说：“中国的技术工人不逊色世界上任何一个国家。”

李超用创新堵住增加成本的短板、治愈浪费能耗的出血点，为企业降本增效做出贡献。2005年下半年，2号线清洗机组开始全面热负荷运行，这条高密度电流清洗线是一项新技术产线，IH型不锈钢化工离心泵机械密封轴承在热负荷试车后开始频繁出现故障，平均一个月左右机械密封轴承包括接手就都会损坏，全线24台泵花费的备件费用高达60万元。李超了解到这一情况后，主动和点检员一起分析备件损坏的部位和原因，并同其他产线对标，制定改进方案。改进后离心泵使用寿命由原来一个月增加到6—8个月，超过了额定使用寿命，极大地节省了备件费用，降低了故障率。2007年冷轧厂建第二条清洗线时，原样移植了这套技术，避免再走弯路，取得良好效果。

（三）总结失败的教训和成功的经验

青年学生要做到知行统一，必须在实践中不断探索、及时总结人生发展过程中的成功和失败的教训和经验，不断提高自己的认识和解决实际问题的能力。这样才能形成振兴中华民族的共同理想和坚定信念。增强历史使命感和社会责任感，成为中国特色的社会主义事业的合格建设者和可靠接班人。

第二节　把握本质与明辨是非

一支笔直的筷子，把它的半截插在水中，从外面看好像是弯折的；闪电和雷鸣是同时发生的，但我们却是先看见闪电后听到雷鸣……常言道："耳听为虚，眼见为实"，要认识一个事物不能凭道听途说，必须亲眼看一看。但是，由于人们看到的只能是事物的现象，有时还会被假象所蒙蔽，因此"眼见"也未必"为实"。

大千世界，各种现象丰富多彩，现象表现本质具有多样性与复杂性。这就需要我们掌握透过现象把握本质的方法，学会把现象作为认识入门的向导，识别假象，明辨是非，在揭示事物本质的过程中不断提高认识事物的能力。

一、在认识事物本质的过程中提高人生发展能力

（一）认识事物不能停留在表面现象上

哲理故事

《吕氏春秋·审分览·任数》中记载了这样一个故事。大意是：孔子周游列国，绝粮于陈国到蔡国的途中，几天没吃到一口饭。弟子颜回讨了一些米给老师煮饭吃。饭快熟时，孔子看见颜回抓起一把往口中一塞，孔子心中不快，但装作没看见。到吃饭时，孔子突然站起来说，我想用这些饭祭奠先祖。颜回立即阻止道：这饭不干净，刚才还掉进了煤灰，因为丢掉可惜，我还把有煤灰的那点吃了呢。听了这话以后，孔子发出了"所信者目也，而目犹不可信"的感叹！

"眼见为实"是我们经常说的一句话，但"眼见"未必"为实"。颜回抓饭吃是感官可以察觉到的，但他为什么要吃、动机何在？单凭感觉就无法解决。这就要求我们进一步想一想，把当时的环境、颜回的表现乃至他的人品连贯起来加以思索，再进一步加以调查，才有可能得出可靠的结论来。这也大概是孔子发出慨叹的原因吧。

我们看到的自然界和社会现象是非常复杂的，绝不是仅仅用感官就能正确地反映出来的。眼见不一定为实，遇到事情，倘若完全依赖自己的眼睛，完全根据表面现象做判断，却不加以分析和思考，我们将变得迷惑，不能认清事物的本质。

亲眼看到的东西，人们通过感官感觉到的东西，往往是粗精混杂、真伪难辨的。从人的感觉上说，我们常常会有错觉，甚至是幻觉。比如，我们乘车前进，两旁的树木、房屋好像都在后退。再比如，被人猛击双眼，会觉得眼冒金星，实际上眼前并没有金星，而是脑神经在受到猛烈撞击后的幻觉。即使我们没有错觉也没有出现幻觉，也不可能靠眼睛等感觉器官就直接把握现实世界，因为人的感觉器官所能感知的范围是有限的。比如，我们的眼睛所看到的，其实只是光线在一定波段内反映出来的东西，超出这一范围，我们的肉眼就看不到了。

在现实生活中，我们经常可以看到这样的情况：面对同一个问题，有的人认识得比较肤浅，有的人认识得比较深刻；有的人能够列举一大堆现象，但总是停留在表面上，不能深入到事物的内部，无法把握事物的本质。只看事物的现象还是能透过事物的现象看到本质，表现了一个人认识能力的高低。

人的认识能力的高低突出表现在能否透过现象把握本质上。人的认识能力的高低，直接影响到人们能否科学地认识事物、正确地解决问题，甚至影响自己的人生发展。无论认识任何事物，都不能停留在对事物的表面现象上，必须在把握事物本质的过程中提高人生发展能力。这就要把握现象和本质的辩证关系，努力做到透过现象把握本质。

（二）现象与本质的辩证关系

大千世界，各种现象丰富多彩。事物都有自己的现象和本质，是现象和本质的统一体。

现象和本质是对立的。现象是事物的表面特征和外部联系，是易逝多变、个别具体的，是能被我们的感官或借助仪器观察到的。本质是事物的根本性质和内部联系，是同类现象中一般的、共同的东西，只能靠抽象思维才能把握。

春夏秋冬，气温在变化；火炉烧水，水温升高；锯木摩擦生热，等等。对这些现象知道得再多，也不等于知道了热的本质，更不能说把握了热力学定律。市场上的商品千差万别，我们可以把商品现象描述得非常丰富生动，但不等于就知道了商品的本质，更不能说把握了价值规律。

事物的现象是由我们的感觉器官可以感觉到的，但是，如果把现象说成是本质，就会误导人的认识，甚至会闹出许多笑话。

现象和本质是统一的。现象是本质的现象，本质是现象的本质。任何现象都从一定方面表现本质，任何本质都是通过现象表现出来。现象尽管多种多样、纷繁复杂，但都是由本质决定的，都是本质的外部表现。

任何本质都要通过一定的现象表现出来，没有离开现象的本质。一个人的本质，总要通过他的语言、行动表现出来。一个同学的思想品质，会通过他的政治观点、参加集体活动、待人接物、与人交往等方面表现出来。同样，一种疾病的本质，会通过它的症状表现出来。比如，人的胃肠疾患是通过厌食、消化不良、腹胀、腹痛、恶心、呕吐、腹泻等各种现象表现出来的。一种植物新陈代谢的本质，总要通过发芽、开花、结果、凋谢、枯萎等各种现象表现出来。本质是现象的根据，任何现象都从特定方面表现事物的本质，没有离开本质的现象。比如，一个人的每一言行都从不同方面、不同程度上表现了他的思想品质；一种疾病的各种现象都从不同方面、不同程度上表现了该疾病的本质；一种生物体在生长过程中表现出来的各种现象，都从不同阶段、不同方面表现了该生物体生长过程的本质。

总之，现象和本质既相互区别、相互对立，又相互联系、相互依存，是对立统一的辩证关系。现象比本质丰富、生动，本质比现象普遍、深刻；本质只能通过现象表现出来，现象只能是本质的表现，现象与本质统一在同类事物中。

（三）把握本质，不断提高人生发展能力

现象和本质关系的原理，给我们提供了认识事物的科学方法，对于科学研究和实际工作具有重要的指导意义。

现象与本质的对立，说明了科学研究的必要性，它告诉我们对事物的认识不能停留在表面现象上，认识了事物的现象不等于认识了事物的本质。

现象与本质的统一，说明了科学研究的可能性，表明我们可以通过分析事物的现象达到对事物本质的认识。

在复杂的现实生活中，透过现象认识本质，提高人生发展的能力，需要深入实际，反复实践，全面把握事物的各种现象。现象是入门的先导，认识事物只能从认识它的现象开始。但是，事物是复杂多变的，要做到透过现象认识本质，就必须全面地占有丰富的、大量的感性材料，综合事物的各种现象，不能道听途说，不能仅仅看到一些局部的、个别的现象，就轻率地对事物的本质下结论，更不能被事物的假象蒙住眼睛。这就要求我们必须深入实际，认真进行调查研究。

在复杂的现实生活中，透过现象认识本质，提高人生发展的能力，需要充分发挥主观能动性，运用科学的思维方法，对大量的现象以及它们之间的相互关系进行科学的分析和研究，做到“去粗取精、去伪存真、由此及彼、由表及里”。

知识拓展

人们掌握的大量的现象，对于分析事物的本质和规律来说，有的比较重要，有的比较次要，这就需要进行分析和筛选，我们称之为“去粗取精”。

人们掌握的大量的现象，有一些可能是虚假的，这样的现象不能作为认识事物本质和规律的依据，这就需要进行分析和鉴别，我们称之为“去伪存真”。

人们掌握的大量的现象，往往是个别的、彼此分离的，这就需要把它们综合起来进行思考，从总体上进行研究，我们称之为“由此及彼”。

人们掌握的大量的现象，毕竟是属于现象方面的东西、表面的东西，应当通过表面的东西发现隐藏在其中的内在的联系和规律性，我们称为“由表及里”。

二、学会识别假象，明辨是非

（一）莫被假象迷惑双眼

自然界和人类社会表现出来的各种现象是非常复杂的，经常存在着是非混杂、鱼目混珠、真假混淆的情况。假象是自然界和人类社会中客观存在的现象，如海洋上空出现的“海市蜃楼”、动物受到刺激时的假死以及社会生活中的以假乱真等。

自然界的有些现象真假难辨，月亮本身不发光，但常常是“皓月当空”；许多动物的保护色就是一种假象，天蚕蛾翅膀上有巨大的眼睛图案，能够吓退天敌。至于社会现象就更加复杂了，我们平常说的“大智若愚”“大奸若忠”就是说的这种情况。《红楼梦》里“假作真时真亦假，无为有时有还无”的语句，就是对世事无常、真伪难辨的感慨。

医生给病人看病，必须识别病情表现出来的一些假象，才能对症下药；公安人员侦破案件，必须识别案件现场表现出来的一些假象，才能找到真正的犯罪嫌疑人；……总之，在生活中，无论面对什么事情，不管处理任何问题，都要学会识别假象，学会透过表面现象把握事物的本质。

（二）现象表现本质具有多样复杂性

哲理故事

“明修栈道，暗度陈仓”这个成语，在军事上的含义是：从正面迷惑敌人，用来掩盖自己的攻击路线，而从侧翼进行突然袭击。这是声东击西、出奇制胜的谋略。引申开来，是指用明显的行动迷惑对方、使人不备的策略，也比喻暗中进行活动。

国际霸权主义者的本质是侵犯他国主权，把自己的利益置于其他国家和人民的利益之上，但同时却制造出关心世界各国人权，到处进行“人道主义援助”的假象。这种假象也是为它的侵略扩张本质所决定，并反映这一本质的。

一些犯罪分子往往施展各种伎俩，制造种种假象来掩盖犯罪事实，也就是以虚假的现象来表现其犯罪的本质。

本质是事物最根本的特性和关系的总和。在不同的客观条件下，事物本质的表现形式是不同的。一般说来，事物的本质多以肯定形式即一般现象表现出来。但由于事物的内在矛盾及其所处条件的复杂性，本质有时也以否定的、歪曲的形式即假象表现出来。假象客观地存在于自然界和人类社会中，假象的客观性根源于事物的本质自身以及复杂的外部条件，它同一般现象一样，也是以事物的本质为根据，由本质所产生、决定的，是本质自身的规定和环节，而不是游离于本质之外主观附加的东西。

真相是从正面表现本质的现象。假象也是本质的一种表现，但却是本质在特定条件下的一种反面的、歪曲的表现。假象与本质的对立是现象与本质对立统一关系的特殊形式。假象和一般现象一样，是认识事物本质的必要环节。

相同的现象表现着不同的本质。如三国时期的名医华佗给李延、倪寻两人治病，他们的症状基本相同，都是头痛发烧，可是华佗给李延开的药方是发散剂，给倪寻开的药方却是通导剂。从表面上看，好像有些奇怪。其实，这正是华佗的高明之处，因为他没有停留在患者具有相同的症状这一现象上，而是进行了更多的观察和询问，分析出李延的病是由外部感冒引起的，倪寻的病是由内部积食引起的，引起病症的本质不同，药方也就不同。

同一本质可以表现为不同的现象。如苹果落地、水往低处流等隐藏着一个共同的本质——万有引力。再如：锯条锯木，其温度在升高；火炉烧水，水温在升高……这些热现象中存在着一个共同的本质，即大量粒子无规则的运动。

现象表现本质具有多样性与复杂性。事物是复杂多样并且不断变化的，往往是真象和假象混杂，本质的东西和非本质的东西同在。

在不同的客观条件下，事物本质的表现形式是不同的。有的相同的现象隐藏着不同的本质，有的不同的现象却是同一本质的表现。

总之，现象包含着本质，本质通过现象表现出来。但表现的形式是多种多样的，既有直接表现本质的，也有间接表现本质的，还有十分隐蔽地表现本质的；既有从正面表现本质的，也有从反面表现本质的。人们只有在掌握了大量现象，其中包括事物假象的基础上，才能从正反两方面完整地、深刻地把握事物的本质。透过现象认识本质，不为假象所迷惑，这是认识一切事物的科学方法。这就要求我们必须掌握丰富的知识，开动思想机器，对掌握的大量丰富的现象进行科学的分析，揭示事物的本质和规律。

（三）擦亮明辨是非的“慧眼”

在我们的生活中，天天都发生着许许多多的事情：

有的人主动护送迷路的老人；有的人仗势欺人，欺负弱小。

有的人自觉捡起地上的垃圾扔进垃圾箱内；有的人随意践踏草坪，污损洁净的墙壁。

有的人为寻找丢失物品的失主在路边苦等；有的人顺手牵羊拿走本不属于自己的东西。

有的人为了国家的安宁，昼夜坚守在自己的岗位上；有的人为了自己的痛快，搅得四邻不安。

有的人为了百姓的生计废寝忘食，任劳任怨；有的人为了升官发财投机钻营、费尽心机。

有的人奉公守法，主动缴纳税款；有的人虽有千万财产，却偷税漏税。

社会生活中到处充满了真、善、美，但也有假、恶、丑。

社会生活中的尊老爱幼、拾金不昧、乐于助人、爱岗敬业、奉献社会等现象，符合人们对真善美的追求，对社会公共生活和个人生活带来积极影响；而社会生活中的以大欺小、以强凌弱、造假售假、坑蒙拐骗、偷税漏税、贪污受贿等假恶丑现象，对社会公共生活和个人生活带来消极影响。

在复杂的社会中，是非善恶并没有黑白分明的标签，贴在每一个人每一件事之上，这就需要我们学会理性分析，掌握透过现象认识本质的方法，识别假象，把握本质，明辨是非。

明辨是非，顾名思义是指辨别清楚事情的正确和错误。一个人生活在社会中，难免会受到社会现象、社会风气的影响，我们要接触形形色色的人，判断各种各样的事情。人们对生活的追求不同，价值标准也不一样。我们在生活中做许多事情都离不开价值判断，都要讲一个好坏是非。因此，如何分辨善恶是非，就是做人的首要的问题。

明辨是非，是做人的基本条件。只有我们明辨是非，区分善恶，辨析真假，才能决定自己应该做什么，不应该做什么，才能抵制诱惑，扬善抑恶，做一个正直善良、遵纪守法的人。

芸芸众生，形形色色的假象和不良诱惑随时伴着我们，总是在人们不经意中悄然而至。它们时常像雨后的彩虹，以炫目的颜色招引我们，然而它们更似毒蛇，吞噬着人们的心灵；有时它们以善良的面孔出现在我们的面前，犹如童话中的“狼外婆”，以花言巧语等种种手段使我们进入圈套，于平静中设下一个个黑色的陷阱。我们要提高防范能力，抵制不良诱惑，识别假象，提高透过现象认识本质的自觉性。

明辨是非、认识事物的本质对个人发展有重要作用：可以对自己行为产生的后果和影响做出正确的判断和评价，帮助自己树立正确的人生观、价值观和世界观，指导自己健康成长。

在现实生活中，有些人仅仅把认识停留在事物的表面上而不能深入其本质。比如，有两句古语提醒我们，在交友时要正确评价一个人，透过现象认识本质，慎重交友。一是“日久见人心”，不能仅凭一面之交或一件事就给一个人下定论。二是“知人知面不知心”，不要轻信一些人的表面言行，要认识一个人的本质是很难的。对某一个人的认识不能仅停留在对他一时一事表面言行的认识上，更不能为一些假象所迷惑，否则就会上当受骗。有的人表面很“义气”、够“哥们”，但不能与这种人成为真正的朋友，有的同学就是因为在网上轻信网友的花言巧语而上当受骗。这些我们都应引以为鉴。

擦亮明辨是非的“慧眼”，把握事物的本质，必须把现象作为认识入门的向导，不能停留在事物的表面现象上，掌握透过现象把握本质的方法，识别假象，明辨是非。

擦亮明辨是非的“慧眼”，把握事物的本质，需要我们明确判断和衡量是非的标准。在现实生活中，一般有社会公认的道德意识和所处社会制度下的法律规定两种标准。明辨是非，对于中等职业学校的学生来说，最重要的就是遵守公民基本道德规范，自觉养成遵纪守法的好习惯。相关链接遵纪守法，顾名思义就是遵守纪律和法律。国无法不治，民无法不立。人人守法纪，凡事依法纪，则社会安定，经济发展。我们社会主义社会是法治社会，遵纪守法是对每个公民的基本要求。

在我国，每个公民都依法享有权利和履行义务，同时还应该遵循共同的道德准则，也就是要遵守公民道德。我国公民的基本道德规范是：“爱国守法、明礼诚信、团结友善、勤俭自强、敬业奉献。”

擦亮明辨是非的“慧眼”，必须学会正确地区分真象和假象，不被假象所迷惑。事物复杂多变，本质又常常被假象所掩盖，中职生要认识事物和社会的复杂性，能够正确对待长辈亲朋、传播媒体等不同的社会影响，对社会影响要做正确判断，从而在生活道路上能够做出正确的选择。

知识拓展

在揭示事物本质过程中提高认识事物的能力，特别需要注意以下几点：

（1）做人必须有一把良知的标尺：正确的是非观。

（2）不轻易听信别人的评论：用自己的头脑冷静客观分析，不要受别人评论所左右。

（3）不急于下定论：事情都有很多方面，一开始可能只看到其中某一个方面，而没有看完整，要给自己多一点观察和思考的时间。

（4）战胜自己，抵制诱惑：坚持正确的行为就要战胜自己的软弱，不向诱惑屈服。如果是对自己成长有害的事情，无论怎样新奇有趣、有利可图，都不能去做。

擦亮明辨是非的“慧眼”，把握事物的本质，必须掌握科学的思维方法。运用科学的思维方法，特别是创造性思维，对把握事物的本质和规律起着重要作用。

第三节　科学思维与创新能力

2017年3月5日下午，习近平总书记参加十二届全国人大五次会议上海代表团的审议。这是习近平总书记连续五年在同一天下午参加上海代表团的审议。习近平总书记连续五年在上海团都谈到了创新，意义深远。这不仅是对上海的要求，也不仅是对某一领域、某一地区的要求，而是从中国改革的全局出发提出的系统要求，“全面创新”是中国新一轮改革开放的新动能。

一、培养科学的思维方法

在认识活动中，主体是借助和运用一定的思维中介来认识客体的，这种思维中介就是思维方法。哲学上研究的思维方法是指理论思维方法，是以揭示事物的本质和规律为目的的理性认识方法。思维方法是保证思维活动正确运行的规则和手段，它是其他一切科学方法的基础和核心。

辩证思维的基本方法主要包括归纳和演绎、分析和综合、从抽象上升到具体、逻辑的和历史的相统一的方法。

哲理故事

一个刚退休的工会主席回到老家，在小城买了房住下来，还种了一片绿草地，想在那儿安度自己的晚年，写些回忆录。

刚开始的几个星期，一切都很好，安静的环境对老人的精神和写作很有益，但有一天，三个半大不小的男孩子放学后开始来到草地上踢足球，玩得不亦乐乎。

好多天过去了，他们根本就是热情不减。老人受不了这些噪声，于是出去跟孩子们谈判。“你们玩得真开心，”他说，“我很喜欢看你们踢足球玩，如果你们每天来玩，我给你们三人每天每人一块钱。”

三个孩子很高兴，更加起劲地表演他们的足下的功夫。过了三天。老人忧愁地说：“通货膨胀使我的收入减少了一半，从明天起，我只能给你们五毛钱。”

孩子们很不开心，但还是答应了这个条件。每天下午放学后，继续去进行表演。一个星期后，老人愁眉苦脸地对他们说：“最近没有收到养老金汇款，对不起，每天只能给两毛了。”“两毛钱?”一个男孩子脸色发青，“我们才不会为了区区两毛钱浪费宝贵时间为你表演呢，不干了。”

从此以后老人过上了安静的日子。

工资福利是刚性的，只可涨不可跌，加上孩子的逆反心理，老人巧妙地达到了自己的目的。如果换成好言相劝，天性好玩的男孩子未必肯买账；若再改作直言相斥，那更会闹出矛盾与不快来。上述事例，都体现了科学思维方法的作用。

（一）归纳和演绎

归纳和演绎是运用得相当广泛的辩证思维方法。归纳和演绎的区别在于它们是方向相反的思维活动，归纳是从个别到一般的思维方法，即从个别的事实概括出一般的原理，如生物学从鸡叫三遍天亮，牵牛花破晓开放，青蛙冬眠春晓，大雁秋天南飞、春天北往等生物活动是按照时间变化而进行的事实中，概括出生物活动具有时间上的周期律的一般结论。运用归纳方法能够从大量无序的、偶然的经验事实中找出普遍性，引出一般结论。但是，归纳并不是万能的，因为单纯的归纳对于认识的发展是无能为力的，还必须同其他方法特别是同演绎方法相结合。演绎是从一般到个别的思维方法，即从一般原理中引申出个别结论。如人们根据物质是无限可分的一般原理，推知基本粒子也是可分的。演绎可使我们不必每论证一个原理都依赖于观察和实验，它可以从少量真实可靠的前提出发进行推理，建立理论体系，从而加速理论的发展。但演绎方法也不是唯一的，同样必须以归纳作为补充。

归纳和演绎又是互相联系的。其一，二者相互依存。一方面，没有归纳就没有演绎，归纳是演绎的基础。作为演绎出发点的一般原理往往是通过归纳得来的，如能量守恒和转化定律，就是归纳自然界中大量不同形式的运动之间相互转化的事实的结果。另一方面，没有演绎也就没有归纳，演绎给归纳提供指导。因为归纳首先是从搜集大量经验材料开始的，在搜集材料的过程中，必须有某种一般性理论作指导。其二，二者相互补充，并在一定条件下互相转化。认识运动是从个别开始，然后概括出一般。人们通常从归纳开始，归纳得出来的结论成为演绎的前提，归纳转化为演绎；演绎使归纳的认识成果得到扩大，演绎中得出的结论又可成为归纳的指导，这样演绎又转化为归纳。人们的认识就是在归纳和演绎的相互作用、相互转化中，从个别到一般，又从一般到个别，循环往复，逐渐深入。归纳和演绎的辩证统一，说明它们在各自适用的范围内都是有效的，在认识过程中都起着重要作用。但二者又都各有其局限性，片面地夸大一方而否定另一方都是错误的。归纳的局限性表现在：由于事物的属性有本质属性和非本质属性的区别，单纯的归纳不一定能揭示事物的本质。演绎的局限性表现在：演绎本身并不能保证结论正确，结论是否正确首先取决于演绎的前提是否正确，即使前提是正确的，演绎过程也是符合逻辑的，还是不能保证它能正确地反映不断变化的客观世界。因此，我们必须把归纳和演绎结合起来，并与其他辩证思维方法配合作用。

（二）分析和综合

分析和综合是在认识过程中比归纳和演绎更加深刻的认识办法，其客观基础是事物的部分与整体、要素与系统、多样性与统一性之间存在着对立统一的辩证关系。归纳是演绎的出发点，但仅仅用归纳并不能从大量经验材料中概括出它们的共同的本质，要为演绎提供可靠的前提，还必须运用分析和综合的思维方法。

所谓分析，是在思维中把客体整体分解为构成的部分、单元、要素后加以研究的辩证思维方法。客观对象是多种要素构成的复杂的整体，人们为了从总体上把握事物的本质，必须首先把整体的各个部分和要素暂时分离开来，然后对它们分别进行考察和研究。分析方法的主要类型有理性思维分析和分析实验，前者如矛盾分析法、元过程分析法等，后者如化学分析、力学分析、光谱分析等。最普遍、最基本的分析方法则是矛盾分析方法，它适用于对一切领域的研究。矛盾分析法要求人们分析矛盾的普遍性和特殊性等一系列特征和方面，按照客观事物的矛盾本性去分析问题，发现真理。

分析方法是科学研究的基本方法，其特点是细节清晰，有助于去粗取精，去伪存真。在自然科学中，无论是观察实验，还是理论研究，都离不开运用分析方法。分析方法的运用曾经是近代自然科学获得巨大进展的基本条件，并形成了许多分析学科。当时，自然科学家主要是采取分析的方法，把自然界的各种事物和过程分解为一定的门类，单独而深入地进行研究，从而促进了各门自然科学从自然哲学中分化出来，建立起近代力学、物理学、化学、生物学、地质学等基础学科。适用于各门具体科学的基本方法，还有诸如定性分析、定量分析、因果分析、比较分析、数学分析、分类分析等方法，它们在科学认识和研究中起着重要的作用。但是分析方法有着局限性：①分析得到的结果是关于事物各个部分的知识，还不是事物的整体；②着眼于局部细节，有可能将人们的眼光局限于狭小的领域，只见树木，不见森林，从而导致形而上学的片面性。因此，人们的认识不能只停留在分析上，必须由分析进到综合，并将两者有机地结合起来。

综合方法是把客体的各个部分、侧面、单元、要素按其客观次序、结构联结和构成一个整体加以研究的思维方法。它既是分析的前提，又是分析的归宿。常用的综合方法有对称法、移植法、系统法，等等。综合在科学发展史上起着重要作用。它可以把认识对象的各个部分、方面按其内在联系有机地结合成一个统一的整体加以把握，并在思维中再现出来，从而全面地、正确地、更为深刻地认识对象。半导体晶体管的发明者肖克莱说过："所谓创造，就是把以前独立的发明组合起来。"在近代科学分化和发展的基础上，现代科学已经进入一个辩证综合的整体化发展的新趋势。从 19 世纪中叶自然科学的三大发现，到现在许多边缘学科、横断学科、综合学科的出现，都是辩证综合的辉煌成果，其方法学的集中标志，便是二战以来系统科学的建立与发展。

分析和综合既是对立的，又是统一的。它们之间的对立，主要表现为二者的认识起点不同，在思维运动的方向上是相反的，各自实现同一过程中的不同职能。

分析和综合之间的统一，主要表现在：

(1) 二者相互依存、互为前提。一方面，综合以分析为基础，没有分析就没有综合。只有在分析基础上进行综合，才能把握对象的整体，统观全局。另一方面，分析是以先前的某种综合为前导的。分析总是要从事物整体出发，总是以综合形成的某种思想原则为指导的，而且其目的是综合。综合又是分析的完成，只有分析没有综合，认识就会陷入片面性。因此，没有综合也就没有分析。

(2) 二者相互渗透。分析和综合相互包含和交叉。没有纯粹的分析，分析中渗透着综合因素。在分析过程中，关于客体联系的设想就已经产生，这种关于客体联系的认识就已经有着综合的因素。同样，没有纯粹的综合，综合包含着分析。因为在综合时，必须把分析的结果与成分纳入综合之中。

（3）二者在一定条件下互相转化。在认识过程中，分析进行到一定程度，思维就转化为综合；随着认识的推进，综合进行到一定程度，又要开始进一步的分析。认识的深化过程总是伴随着分析和综合的交替而进行的。人们认识事物的程序，是从现象到本质，从初级的本质到更为深刻的本质的过程；同时，就表现为分析——综合——再分析——再综合这样相互转化、无限循环往复的发展过程。

在哲学史上，古代西方的学者一般把分析与综合当作两个平行的思维方法。到近代，这两种方法被机械地分割开来，并绝对化地对立起来。一些经验论者如洛克等人片面地强调分析，把它看作获得真理的唯一方法。一些唯理论者如笛卡儿、斯宾诺莎则片面强调综合，把它看作获得真理的最完善的方法。科学的思维方法坚持分析和综合的辩证统一，克服了单纯分析和单纯综合的各自片面性。

二、运用科学思维提高创新能力

（一）创新并不是神秘的事情

提到创新，有的同学觉得很神秘，还有的同学认为创新太高深、太复杂，似乎只是少数杰出人才的事情。其实，创新有大有小、内容和形式各不相同。创新活动不仅是科学家、发明家的事情，创新并不只是某些行家的专利，也不只是超常智慧的人才具有创新的能力。其实，创新甚至是伟大的创新，往往却是很简单的。

创新是指人为了一定的目的，遵循事物发展的规律，对事物的整体或其中的某些部分进行变革，从而使其得以更新与发展的活动。创新起源于拉丁语，原意有三层含义：更新、创造新的东西、改变。

创新活动的核心是“新”，它或者是产品的结构、性能和外部特征的变革，或者是造型设计、内容的表现形式和手段的创造，或者是内容的丰富和完善。

人类所做的一切事物都存在创新，创新遍布人类的方方面面，如观念、知识、技术的创新，政治、经济、文化艺术和社会管理的创新，而不仅仅是技术领域的事情。

创新是人类特有的认识能力和实践能力，是人类主观能动性的高级表现形式，是推动民族进步和社会发展的不竭动力。创新不神秘，但并不意味着是一件很容易的事情。我们总是在创新前面加上“积极”“勇于”“大胆”之类的形容词，就是因为创新不是轻而易举就能做到的，需要我们不断增强创新意识，提高创新能力。

（二）创新思维的特点及作用

科学思维所说的创新思维，特指人们在实践中有所发现、有所发明的思维活动，即开拓人类认识新领域，开创人类认识新成果的思维活动，它往往表现为发明新技术、形成新观念、提出新方案、创建新理论等。

创新思维是一种综合能力的体现。任何思维都不是凭空产生的，需要以实践为基础，离不开对前人、对他人成果的继承。思维创新的任何课题都来自实践，实践的需要是思维创新的最有价值的课题。

人的创新能力不是与生俱来的，它是可以通过学习和训练得以提高的，提高创新能力需要科学思维。要创新就必须学习和掌握科学思维方法。科学思维是能够创造性地解决问题的思维，创新思维是综合运用多种思维方法的结果。

发散思维是一种展开式的思维方式，它根据已知的事物信息，从不同的角度、不同的方向思考，以寻求解决问题的多样性答案。有人总结、发明了一些强制联想的技法，例如，“列举法”就是适合于个体创造性思维的一种主要方法，它将研究对象的特点、缺点、希望点等逐一罗列出来，以便提出改进的意见，构成创新的设想。这种技法可以启发人们的创造发明思路，特别是在新产品开发和旧产品改造方面，能够发挥更好的作用。

创新是时代的潮流，科学的本质是创新，科学精神就是创新精神。创造性思维是现代新思维的主要特征。提倡创新思维，培养创新能力，对于重塑民族精神，提高全民族的科学素质，增强综合国力，具有极其深远的意义。

创新是一个民族进步的灵魂，是国家兴旺发达的不竭动力。一个没有创新能力的民族，难以屹立于世界先进民族之林。一个民族的创新能力，决定着其在国际竞争中的地位和作用。

（三）提高创新能力必须运用科学思维方法

创新能力是指通过创新活动、创新行为而获得创新性成果的能力，实质就是创造性解决问题的能力。创新能力是一种综合能力，与人的记忆力、想象力、独立思考能力，尤其是形象思维能力、逻辑思维能力和情感思维能力密切联系，也与人的知识、技能、经验、心态密切相关。

21 世纪的竞争，实质上是知识创新和技术创新的竞争，归根到底是具有创新能力的高素质人才的竞争。面对这样的形势，任何一个人、从事任何一种职业，都不能缺少创新能力。可以这样说，一个人的创新能力，特别是创新思维能力的强弱，将决定他将来的发展前途。

现代青年要具备创新能力，首先要有强烈的创新意识和顽强的创新精神。所谓创新意识就是推崇创新、追求创新、以创新为荣的观念和意识。一个人的创新精神主要表现为：首创精神、进取精神、探索精神、顽强精神、献身精神、科学精神。

如果我们掌握了思维创新的有效方法，密切联系实际，那将会大大提高我们面对新情况解决新问题的能力。

知识拓展

在实际生活中也可以用一些巧妙的办法来增强创新能力。以下几种方法，有助于我们在实际生活中增强创新能力：

1. 及时抓住灵感。好的方法和主意有时只是在脑海里一闪即逝，最简单的办法，就是把一闪即过的念头马上记下来。虽然并不是每个主意都有价值，但要先记下，然后再评估它的价值。

2. 会“胡思乱想”。许多人都有这样的体会：在床上、在洗澡间或者公共汽车上，精神相对放松，是发挥想象力的好地方。人在似睡非睡状态下最容易激发灵感，想的东西离现实中的较远。这样的胡思乱想，往往就是平时被人们忽略的好主意。

3. 环境刺激。一个人受到刺激时最容易产生智慧，急中生智就是环境刺激的一种。在属于自己的小天地里，可以放置一些玩具、文具、生活用具，甚至可以用一些橡皮泥、黏土做成各种形状，把这些东西倒置、侧放，使我们的大脑不断接受差异化的刺激，从而产生新的主意。

4. 扩大思路。就是试图用其他领域的思想来解决本领域的问题。这就要求我们要多精通几门学科的知识，多跨几个岗位去体验生活。

运用科学思维方法，提高创新能力，要学会把发散思维和聚合思维结合起来。解决复杂问题，往往需要人们的思维结合实际情况，反复地发散——聚合——发散——聚合。要充分发挥想象，巧妙捕捉灵感，以科学知识为基础，以求真务实精神为向导。

热爱生活、关注生活、享受生活是创新的前提和基础。重视实干、重视实践是创新的基本要求。在日常生活中经常有意识地观察和思考一些问题，通过这种日常的自我训练，可以提高观察能力和大脑灵活性。积极参加创新实践活动，尝试用创造性的方法解决实践中的问题。人们越是积极地从事创新实践，就越能积累创新经验，锻炼创新能力，增长创新才干。

培养自信心，有战胜困难的勇气和冒险精神，是形成创造力的必要条件。要相信“创造力是人人都有的”，要敢于去做别人没想过、没做过或者做过却没成功的事。要以科学精神面对失败，认真找出失败的原因并探索新的道路，使失败变为成功的阶梯和创造的源泉。

敢于提出问题、善于提出问题，是激发创造力的有效途径。创新要敢于质疑，不迷信权威，不迷信书本。首先，要敢于对一些保守的习惯和传统产生怀疑。人一旦进入思维定式，就难以产生解决问题的新思路。其次，尊重书本知识，尊重权威，但不能迷信书本知识、迷信权威。善于创造的人是在认真学习和思考的同时又持一种科学质疑或批判的精神，敢于走自己的路。最后，要敢于和善于提出各种问题，甚至包括一些在当时看来所谓“荒唐”的问题，这样做的本身就是对自己创造力的开发。

第四单元 顺应历史规律的发展，实现崇高的人生价值

学习目标

1. 了解社会存在的含义和意义；
2. 理解社会存在和社会意识的辩证关系；
3. 认识社会发展规律；
4. 能够正确处理个人理想和社会理想的关系；
5. 理解人生价值的意义和实现认识价值的条件。

第一节　历史规律与人生目标

2020 年 2 月 23 日，习近平总书记在统筹推进新冠肺炎疫情防控和经济社会发展工作部署会议上的讲话："经济社会是一个动态循环系统，不能长时间停摆。在确保疫情防控到位的前提下，推动非疫情防控重点地区企事业单位复工复产，恢复生产生活秩序，关系到为疫情防控提供有力物质保障，关系到民生保障和社会稳定，关系到实现全年经济社会发展目标任务，关系到全面建成小康社会和完成'十三五'规划，关系到我国对外开放和世界经济稳定。"

一、社会存在和社会意识

（一）社会存在的含义

唯物史观认为社会存在是指社会物质生活条件的总和，它包括物质生活资料的生产方式、自然地理环境和人口因素。

物质资料的生产方式主要指对物质资料的获取方式，包括生产力和生产关系。在人们的社会物质生活条件中，物质资料的生产方式是社会历史发展的决定力量，对社会发展起决定作用。

地理环境是人类社会生存和发展的永恒的、必要的条件，而且它作为劳动对象也不断进入人们的物质生产领域。

人口因素是指人口数量、素质、结构等状况。人口因素也是重要的社会物质生活条件，对社会发展起着制约和影响的作用。

（二）社会意识的含义

人类意识首先是对自身存在的意识，人是社会性存在，人对社会存在的意识也就是社会意识。社会意识是对社会存在的主观反映。社会意识不仅是关于人的意识，也是关于自然的意识，因为各种意识本质上都是人们对社会存在的反映。并且都是人与自然或社会与自然之间实践关系的反映。

（三）社会存在和社会意识的辩证关系

1. 社会存在决定社会意识

首先，社会存在是社会意识的前提和基础。人们必须先进行物质生产，在此基础上才能进行精神生产。其次，社会存在决定社会意识的内容和形式。有什么样的社会，就会有什么样的社会意识与之相适应。最后，社会存在的发展变化决定社会意识的发展变化。社会意识的发展变化归根到底都是同社会存在的发展变化相适应的，社会存在发生了变化，社会意识也会相应地发生变化。

2. 社会意识对社会存在具有反作用

社会意识对社会存在的反作用主要是指在质和量的两个方面。

从质的方面看，不同性质的社会意识对社会存在起着不同性质的作用。比如先进的、革命的、科学的社会意识是历史发展的促进力量；反动的、落后的、不科学的社会意识是历史发展的阻碍力量。这是区别一切社会意识本质的根本标志。

从量的方面看，无论社会意识对社会发展起什么性质的作用，都有程度深浅、范围大小、时间久暂、作用方式、反馈方式的不同。社会意识只有通过群众实践才能起作用。因此社会意识对社会存在起作用的大小，主要取决于它实际掌握群众的广度和深度。即使先进的社会意识，对历史发展的促进作用也是不同的，掌握的群众越多，作用越大。

3. 社会意识的独立性特点

社会意识一旦形成，就有自己的独立性，即它对社会存在的反映不是消极的、简单的，而是一种能动复杂的过程，并且这种反映还遵循着其本身独特发展规律。社会意识相对独立性表现如下几个方面：

第一，社会意识的变化与社会存在的发展变化的不完全同步性。在同一个社会形态下，存在着两种对立的社会意识。即新的社会意识与旧的社会意识。

第二，社会意识的发展具有历史继承性。任何一个国家的社会意识都具有历史传承性，都源于本国的思想意识传统，对本国的社会意识传统的既批判又继承。

第三，社会意识的相对独立性最突出地表现为对社会存在的反作用。社会意识之所以能够对社会存在发生反作用，是由于它归根到底是对社会存在的反映，他是适应社会存在要求而建立起来的，因而它必然具有能满足社会存在发展的作用。同时社会实践据不是盲目的，而是需要思想意识指导的。

知识拓展

2020 年 5 月 28 日，十三届全国人大三次会议表决通过了《中华人民共和国民法典》，自 2021 年 1 月 1 日起施行。婚姻法、继承法、民法通则、收养法、担保法、合同法、物权法、侵权责任法、民法总则同时废止。《中华人民共和国民法典》被称为“社会生活的百科全书”，是新中国第一部以法典命名的法律，在法律体系中居于基础性地位，也是市场经济的基本法。

《中华人民共和国民法典》（以下简称《民法典》）共 7 编、1260 条，各编依次为总则、物权、合同、人格权、婚姻家庭、继承、侵权责任，以及附则。通篇贯穿以人民为中心的发展思想，着眼满足人民对美好生活的需要，对公民的人身权、财产权、人格权等作出明确翔实的规定，并规定侵权责任，明确权利受到削弱、减损、侵害时的请求权和救济权等，体现了对人民权利的充分保障，被誉为“新时代人民权利的宣言书”。

人民群众反映强烈的许多问题，民法典作出了明确回应，如：《民法典》中对各种“人肉搜索”、非法盗取他人信息的行为作出了明确规定，突出的特色规定有“离婚冷静期制度”“继承人宽恕制度”“自助行为制度”，确立了“自甘风险”规则，同时对遗体器官捐献、职场和校园性骚扰、非法从事与人类基因、人体胚胎有关的医学和科研活动严格规范。因此，《民法典》将在保障人民权益，增进民生福祉方面发挥越来越重要的作用。

时代的发展、社会的进步，人民生活越来越美好，涉及的方方面面也越来越复杂，这部包罗万象的《民法典》就像一个无形的天网，全方位保护人民民事权利，每一条法律规定都凝聚社会生活规则的最大共识，让社会主义核心价值观通过法制建设更加深入人心。这部具有中国特色、体现时代精神、反映人民意愿的《民法典》。《民法典》的颁布实施，开启了我国公民权利保护的崭新时代，它充分体现了人民的需求，保障了人民的权益，用权利本位构建起整部法典的逻辑主线，必定能够更好地满足广大人民群众日益增长的美好生活的需要。《民法典》的颁布实施，必将成为中国特色社会主义法律体系这座“大厦”的重要支柱，必将为法治中国建设筑牢根基，为实现“两个一百年”的奋斗目标，提供坚实的法治保障。

时代的发展、社会的进步，人民生活越来越美好，涉及的方方面面也越来越复杂，社会关系也在不断变化之中。民有所呼，法有所应，与时俱进的民法典在调节社会关系起着重要的作用，正体现了社会存在和社会意识的辩证关系。

二、社会历史发展规律

历史规律与人的活动，历史规律即历史法则，是指历史发展过程中多次出现的、具有表象相似性或本质共同性的历史现象及其内部和外部的本质联系。揭示历史规律，是人们透过历史表象探讨其深层因果联系，揭示历史发展中普遍性、统一性、必然性的努力表现；是人们不满于对历史的肤浅描述，并希望历史可以借鉴现实、预示未来的想法的表现。

知识拓展

历史规律具有以下特性：

重复性。重复性是历史规律最基本的属性，也是同于自然规律的一种属性，由此也表明了历史规律的客观性。

预见性。如果没有一定程度上的预见性，就不成其为历史规律，如唐太宗总结出“水能载舟，亦能覆舟”的规律，不仅适用于他以后的封建社会，也适用于现代社会，这样，发展规律才有价值。

层次性。某些历史规律适用于几种社会形态或整个人类社会，而更多的则只适用于特定的历史时期和地区，即所谓普遍规律和特殊规律。

不确定性或开放性。由于人的主观限定，即使是被揭示出来的历史规律，也要经由长期历史发展进程的检验。

社会发展规律的实现需要人的创造性的活动。个人活动与社会发展相互联系、相互促进又相互制约。一方面，没有单个人的活动，也就不会有整个的社会生活，不会有社会的发展，人的每一个创造性活动，都对社会发展产生影响。社会规律要通过人的社会活动来体现。另一方面，个人活动又离不开社会，要受到社会历史条件的制约。因此，个人聪明才智的发挥，必须建立在认识和遵循社会历史规律的基础上，要把个人的动机与社会发展的必然趋势结合起来。

透过扑朔迷离的历史现象，就会发现历史发展并不仅仅是年代的流转、朝代的更替，而且隐藏着一定的规律。唯物主义历史观之所以被称为马克思的伟大发现，并在人类思想史上造成了一次革命性变革，就在于它深刻地揭示了历史运动的基本规律。

恩格斯在马克思墓前的讲话中说道，马克思一生有两大发现，一是唯物史观，一是剩余价值学说。他说：“正像达尔文发现有机界的发展规律一样，马克思发现了人类历史的发展规律，即历来为繁芜丛杂的意识形态所掩盖着的一个简单事实：人们首先必须吃、喝、住、穿，然后才能从事政治、科学、艺术、宗教，等等；所以直接的物质的生活资料的生

产，从而一个民族或一个时代的一定的经济发展阶段，便构成基础，人们的国家设施、法的观点、艺术以至宗教观念，就是从这个基础上发展起来的，因而，也必须由这个基础来解释。”

社会发展规律的实现需要人的创造性活动。要想理解这一点，必须要明白马克思主义哲学所认为的人民群众才是社会历史发展的主体的观点。也就是说人民群众才是历史的创造者，所以社会发展规律的实现需要人创造性的实践活动。人民群众的创造性活动对于社会发展规律实现的作用表现在以下几方面。

首先，人民群众对物质财富的创造性活动从根本上推动了社会的发展。在把自然资源改造成为社会财富的过程中，作为人民群众主体的劳动者必须掌握适当的工具，进行创造性的劳动。劳动群众创造劳动工具，积累劳动经验，提高生产力水平，从而创造并延续了人类的物质文明。在社会财富的创造中，体力劳动者和脑力劳动者都起到了巨大的作用，二者是缺一不可的。一切物质财富归根到底都是体力劳动者和脑力劳动者共同创造的。

知识拓展

首先，随着知识经济时代的到来，脑力劳动在物质的创造性活动中所起的作用会越来越突出，但是所有脑力劳动的成果都需要体力劳动来最终实现，而体力劳动也需要脑力劳动来提高其效率，促进其发展，这就是所谓的“技术是第一生产力”。脑力劳动者要尊重体力劳动者，因为体力劳动是社会发展的必要环节，在目前社会主义初级阶段还是无法替代的。而体力劳动者也应该积极用脑力劳动的成果武装自己，随着科学技术的进一步发展，体力劳动者的数量必然会出现减少的趋势，所以体力劳动者需要在经济结构更新换代之前就做好知识储备，如若不然，就无法在新的经济结构之中找到恰当的位置去发挥自己的作用。

其次，人民群众对社会精神财富的创造性活动推动了社会的全面进步。劳动者通过对物质生活资料的创造性活动，为人们从事一切精神生产提供了物质条件，任何人要从事科学、文化、艺术等精神活动，都需要有一定的生活资料和一定的物质条件，这些都是劳动者通过生产实践等物质性活动所创造的。人民群众的创造性活动是一切精神财富产生的源泉，人民群众在物质创造活动中积累的丰富经验，构成了人类精神财富的原料或半成品，科学家、艺术家、思想家对其进行总结和归纳、整理和加工或由此产生创作灵感并形成精神财富。劳动者还可以直接创造精神财富，人民群众所创造的物质成果必然凝结着人们的各种智慧，因此这种物质成果也是一种精神财富。

再次，人民群众对社会制度的创建和变革，在社会矛盾的解决中起着决定性的作用。生产力和生产关系的矛盾运动推动了社会的发展，而一切社会矛盾都是人与人之间的矛盾，社会矛盾只能通过人的创造性活动去解决。在人类社会历史中一切社会矛盾的解决，实质上都是人民群众推翻旧的社会制度，创建新的社会制度的创造性活动。人民群众对历史发展的决定作用，突出地表现在社会变革时期。进入社会主义时期以后，人民群众作为社会变革的决定力量所起的作用是通过巩固和完善社会主义制度来实现的。

因此，青少年作为未来的劳动者和社会历史的创造者，应该认识到我们应该为社会的物质性创造活动以及精神性创造活动做贡献，并以此作为我们的人生目标。但是我们在确立自己的人生目标时，必须尊重社会历史发展规律，从现实出发。而要想实现自己的人生目标就必须尊重社会历史发展规律，利用这些规律来实现自己的人生目标。

二、人生目标和社会发展

人的动机必须符合社会发展规律。社会发展的特殊性告诉我们，社会发展规律既是客观的，又是通过社会成员有意识、有目的地参与才能实现的。人的动机是否符合社会历史发展的必然趋势，决定了人们的活动对社会历史发展起促进还是阻碍作用。人的动机越是符合社会历史发展趋势，其活动对社会发展的促进作用就越大；反之，就会阻碍社会的发展。

知识拓展

人生要有目标。人生有了目标就有了明确的努力方向。简单地说，人生目标就是人生活动动机的表现，即一个人想要做什么、成为怎样的人。人有什么样的人生目标，就会成为什么样的人。明确自己的人生目标，是走向人生成功的前提。

周恩来早在中学读书的时候，就立下了“为中华崛起而读书”“志在四方”的人生目标。正是这一正确的人生目标，决定并支配他的一生始终朝着正确的方向前进，为中国革命和世界革命做出了杰出的贡献，受到了中国人民和世界人民的衷心爱戴。相反，一个人如果只为自己或者少数人而活着，那么，他的一生必然朝着有损于人民、阻碍社会历史进步的方向，最终被人民所唾弃、被人类社会所淘汰。

人生目标应该遵循历史发展规律。人生目标有正确与错误之分，判断其正误有许多标准，其中最重要的就是看是否符合社会发展规律。符合社会发展规律的人生目标与社会发展的方向相一致，与社会发展的要求相融合，就会促进和推动社会的发展。青年学生要站在时代的前沿，把自己的人生目标与我国全面建设小康社会的时代要求结合起来，通过对人生目标的不懈追求，为社会做出自己的贡献。

有位贫困地区的有志青年，进城打工开阔了眼界，增长了才干，他给自己树立了一个人生目标，要成为一名企业家，让自己的父老乡亲们富裕起来。他回到家乡，在党的惠农政策的支持下，带领乡亲们，利用当地的自然资源，发展无公害食品，为家乡父老脱贫致富做出了贡献为社会的发展尽了一份力量。

二、实现人生目标必须符合历史规律

（一）不是所有的人生目标都能实现

哲理故事

有这样一则“杀龙妙计”的寓言：从前有个叫朱泙漫的人，要学习杀龙的技术。他变卖了家产，带了一千两黄金拜支离益为师，经过三年的学习，学成归来。有人问他究竟学了什么？他就把杀龙的技术——怎样按住龙的头、怎样踩住龙的尾、怎样从龙颈上开刀等，一一表演给大家看。大家问他，什么地方有龙可杀呢？他哑口无言，这才大悟：原来世界上根本就没有龙这种东西，他的本领是白学了，学习杀龙的目标也就无法实现了。

人生目标作为一种社会意识、人主动创造性的成果，有正确与错误之分，判断其正误有许多标准，其中最重要的就是看其是否符合社会历史发展规律。符合社会历史发展规律的人生目标与社会发展的方向相一致，与社会发展的要求相融合，就会促进和推动社会的发展。

人生目标属于社会意识，社会意识是社会生活的精神方面，包括人们的政治、法律思想、哲学、艺术、宗教等意识形态和人们的风俗习惯、社会心理等。马克思主义哲学认为，社会存在决定社会意识，社会意识是社会存在的反映；社会意识对社会存在有反作用，正确的社会意识对社会存在起促进作用，错误的社会意识对社会存在起阻碍作用。

人的目标动机总是根源于一定的物质生活条件，只有符合社会发展规律、社会发展要求的动机目标才能得以实现。如果个人的人生目标与社会发展规律相违背，则根本无法实现。因此，人生目标的确立和实现必须符合社会发展规律和发展要求。

（二）社会历史发展的基本规律

透过扑朔迷离的历史现象，就会发现历史发展并不仅仅是年代的流转、朝代的更替，而且隐藏着一定的规律。

哲理故事

恩格斯在马克思墓前的讲话中提到，马克思一生有两大发现，一是唯物史观，一是剩余价值学说。他说：“正像达尔文发现有机界的发展规律一样，马克思发现了人类历史的发展规律，即历来为繁芜丛杂的意识形态所掩盖着的一个简单事实：人们首先必须吃、喝、住、穿，然后才能从事政治、科学、艺术、宗教等；所以直接的物质的生活资料的生产，从而一个民族或一个时代的一定的经济发展阶段，便构成基础，人们的国家设施、法的观点、艺术以至宗教观念，就是从这个基础上发展起来的，因而，也必须由这个基础来解释。”

社会历史的发展是有规律的。人类社会的一切活动都是由有意识的人参加的，社会发展的规律是通过人有意识的活动表现出来的。每个人都在创造自己的历史，历史的发展是许多单个人的意志和力量相互作用的结果。人们创造历史的活动，最终会形成一个总的合力，这个总的合力不断推动社会基本矛盾的解决，从而实现社会历史的发展。

生产力和生产关系的矛盾、经济基础和上层建筑的矛盾，是贯穿人类社会始终的基本矛盾。生产关系一定要适合生产力状况的规律，上层建筑一定要适应经济基础状况的规律，是人类历史发展中起作用的基本规律。人类通过各种实践活动不断地解决社会基本矛盾，从而推动社会历史由低级向高级发展。

知识拓展

人类要生存繁衍、要追求美好生活、要获得自身的解放和发展，首先必须解决衣食住行等物质生活资料问题。所以，马克思主义哲学认为，人类第一个历史活动就是生产满足这些需要的物质资料，物质资料的生产是人类社会存在和发展的基础。

生产方式是生产力和生产关系的统一。生产力决定生产关系，生产关系对生产力有反作用。当生产关系适合生产力的发展状况时，对生产力的发展起促进作用；当生产关系不适合生产力的发展状况时，对生产力的发展起阻碍作用。生产力与生产关系相互作用的矛盾运动，就是生产关系一定要适合生产力状况的规律。

生产关系的总和构成社会的经济基础，建立在经济基础之上的政治、法律制度和设施、各种思想观念和社会意识形态是社会的上层建筑。经济基础决定上层建筑，上层建筑对经济基础有反作用。当上层建筑适合经济基础状况时，会促进经济基础的巩固和完善；当不适合时，会阻碍经济基础的发展和变革。经济基础与上层建筑相互作用的矛盾运动，就是上层建筑一定要适合经济基础状况的规律。

社会历史发展规律是客观的。在生产力和生产关系、经济基础和上层建筑的矛盾运动中，人类社会由低级向高级发展，这是社会历史发展的总趋势。这个总趋势是前进的、上升的，其过程是曲折的。

社会基本矛盾是社会发展的根本动力，人类社会发展的基本规律决定了社会形态的更替和历史发展的基本趋势。但是，由于社会发展的复杂性和曲折性，人类社会发展在遵循一般规律的同时，也会表现出一些特殊的形式。

（三）把握历史发展规律，实现人生目标

确立明确的人生目标，是走向人生成功的前提，但是人生目标的实现，需要我们把握社会发展规律，发挥聪明才智，用自己创造性的实践活动让自己获得成功，同时也推动社会发展规律的实现。

首先，实现人生目标，要坚定走中国特色社会主义道路的信心，把握社会需求，把个人的人生目标与国家需要结合起来。

实现伟大梦想，必须推进伟大事业。中国特色社会主义是改革开放以来党的全部理论和实践的主题，是党和人民历尽千辛万苦、付出巨大代价取得的根本成就。中国特色社会主义道路是实现社会主义现代化、创造人民美好生活的必由之路，中国特色社会主义理论体系是指导党和人民实现中华民族伟大复兴的正确理论，中国特色社会主义制度是当代中国发展进步的根本制度保障，中国特色社会主义文化是激励全党全国各族人民奋勇前进的强大精神力量。全党要更加自觉地增强道路自信、理论自信、制度自信、文化自信，既不走封闭僵化的老路，也不走改旗易帜的邪路，保持政治定力，坚持实干兴邦，始终坚持和发展中国特色社会主义。

社会历史发展规律是客观的，人的主动创造性必须符合社会发展的需求。所以，要实现人生目标，我们首先要了解社会发展的实际需求，以此来引领自己确立正确的人生目标，从而在实现自己的人生目标获得成功的同时，也推动社会的发展。党的十九大提出："不忘初心，牢记使命，高举中国特色社会主义伟大旗帜，决胜全面建成小康社会，夺取新时代中国特色社会主义伟大胜利，为实现中华民族伟大复兴的中国梦不懈奋斗。"这不但使我们对建设中国特色社会主义事业充满了信心，对个人人生价值的实现也有了更为明确的目标。

哲理故事

中职生王伟把每一步都走得非常稳妥，毕业后更是不断向更高的目标迈进，挑战自己超越自己，把每一件事做到极致，终于从一名基层服务人员成了酒店经理。

迎难而上　坚持学习英语

2008 年 7 月，完成了两年中职校园学习，王伟在广州富力君悦酒店实习，与他一起在这家酒店实习的还有很多优秀的同辈人，大学生、留学生等。同时，酒店的培训资料是中英文双语，让王伟很有挫败感，感到自己太渺小了，以致沉闷苦恼，但他不服输，决心要赶超其他同事，学好英语。

从此以后，每天凌晨 4 点起床，春夏秋冬常年不辍地坚持学习英语。功夫不负有心人，终于王伟的坚持带来了硕果——英语成绩突飞猛进，工作中常用的专业词汇语熟于心，得到了酒店领导和同事们的认可，最终顺利完成实习，获得光荣称号毕业生，也得到了更多学习的机会。

细节服务　赢得客人青睐

王伟因为出色的表现，实习结束后获得了酒店的工作机会，成为酒店自助餐厅的初级厨师。在工作当中，王伟仍然表现出色，能熟练记住客人的喜好和所需，这也让他成为广州丽思卡尔顿酒店开业以来第一个受到美国总部书面表扬的员工。

事情是这样的：2009 年 10 月，一天王伟正在为客人烹制早餐，一个以前他服务过的西班牙客人再次来到酒店，王伟马上回想客人的喜好，然后问到“先生您好，欢迎再次来到这里，您是否再点一份上次的炒面？那是上次您喜欢的食物。”听到这样的问话，这位客人很惊喜也很感动，他没有想到这个酒店的员工竟然还记得他，甚至对他喜欢的食物也很清楚。

当时这位客人在就餐后有一个小小的遗憾，他想买酒店使用的炒面酱，但是这种酱汁都是酒店厨师自己调配的，外面没售卖，结果他只能带着失望离开了。这次再见到这位客人，王伟也很意外，他想弥补上次这位客人的遗憾，于是他在假期中买齐酱汁的配料，然后炒制好装在瓶子里送给了这位客人。

当客人收到王伟的酱汁时又惊讶又感动，没想到他居然还记得半年前自己提过的小小愿望。几天后，酒店意外的收到这位客人的一封信，信中写道：“以后只要王伟在丽思卡尔顿酒店工作，自己来到广州就只住在丽思卡尔顿酒店。”

后来，王伟的事迹在全球各大酒店发表，成为广州丽思卡尔顿酒店开业以来第一个受到美国总部书面表扬的员工。

努力转型　挑战不可能的任务

2010 年 3 月，王伟的付出得到了酒店管理层的高度认可，他被调职到新加坡的丽思卡尔顿酒店工作。

这次工作调动使王伟重新规划了职业生涯，他开始向酒店经理的方向努力，为此他申请调职到行政楼层做接待工作，这样可以了解酒店不同部门的运作及操作模式。经过了两个多小时的谈判及 60 多天的等待，王伟的申请被领导批复，同意他到行政楼层工作。虽然王伟向自己的目标迈进了一步，但也带来了不小的挑战，在这里工作需要良好的英语交际能力和扎实的专业知识，因为在这里所接待的客人都是来自各界的精英人士，甚至有各个国家的元首和外交官。面对挑战，王伟没有退缩，更加积极努力学习英语和酒店管理知识，每天比平时早起床 2 个小时，不断向同事和领导请教，提升自己的专业知识。

功夫不如有心人，为了进一步学习，他经过努力考上了英国曼彻斯特商学院新加坡分校的酒店管理专业。既要上学又要上班，王伟每天都很忙，每天凌晨 4 点起床上班，下午 5 点下班后接着去学校上课，上课时间为晚上 6 点到 10 点半。那段时间，王伟每天睡眠时间只有 4 至 5 个小时。

王伟就读的英国曼彻斯特商学院新加坡分校的酒店管理专业学费高昂，工资没法完全付完学费，王伟不得不兼职打工来挣钱交学费，在饭店洗碗、做家教、当是临时演员，王伟只要一有时间久去兼职。对于这样艰苦的生活，王伟却不在意，他说：“带给我们痛苦的并不是事情的本身，而是我们对事情的感受与看法。”

坚持终于有了回报，两年后王伟拿到了酒店管理专业的文凭，同时也在工作上屡获殊荣。

由内而外　迈向管理新台阶

2013 年，王伟获得了来自海南三亚丽思卡尔顿酒店任职行政楼层主管的工作机会。

2014 年的 5 月，他获得了到海口威斯汀酒店担任筹备酒店行政楼层经理一职的工作邀请。

2016 年 3 月，任职三亚山海天万豪酒店行政酒廊经理一职。

……

其次，实现人生目标，需要我们认真分析主客观条件。要全面分析我们现在所处的外部环境，包括时代特征、国家的方针政策、社会经济发展情况等社会大环境；自己所在地区经济发展形势、所从事行业专业的发展情况、所处的家庭情况等小环境。全面分析自身所具备的条件，包括：知识、能力、综合素质等方面的优势与不足，兴趣和特长有哪些等。只有分析清楚自己所处的主客观条件，实现人生目标才会切实可行。好高骛远，不切合自身实际的目标，是难以实现的。

再次，实现人生目标，要制订详细计划，付诸实施。充分发挥人的主动创造性，结合自己的实际情况，将较为宏大的人生目标进行分解，制订短、中、长期计划。一个人的人生目标通过层层分解，最终会落实到每一天、每一件事上。以最近的目标为指南，做好每一件事情，通过自己踏实的努力让计划付诸实践。

心理学上有一个“阶梯理论”：如果让你一下子爬九层楼，你可能会受不了，但若把九层楼看作三个三层楼，再爬起来就轻松多了。对于我们学生来说，也可以把自己的目标分为一层一层的阶梯，按照长期目标、中期目标、短期目标的方式进行合理规划和安排，然后再一步一步地向上攀登。这样，我们就能知道如何具体去操作，而且每天都会过得很充实。一个目标的实现就是一次进步，每一次进步都能累积信心，增添动力，从而更加明确下一步努力的方向，并为之不懈努力！

最后，实现人生目标，要能坚守正确的人生目标，持之以恒，坚持不懈。俗语说：“无志者常立志，有志者立长志。”立一个长远的志向，加之坚持不懈的努力，必定会有成功的一天。

第二节　社会理想与个人理想

中职生在经过了接近两年的专业知识学习后，自己的职业理想已经变得更加具体而实在了。例如，有的可能希望成为一位技术娴熟的高级技工，有的可能希望拥有自己的公司成为老板，有的可能希望成为一名会计师，有的可能希望成为一名优秀的幼儿教师……

每个人都有自己的个人理想，追求和实现个人理想也是个人前进的源泉和动力。但实现个人理想需要正确对待理想与现实的矛盾，正确处理社会理想和个人理想的关系，要自觉把个人理想融入中国特色社会主义共同理想中，在社会发展中规划个人发展，积极创造实现人生理想所必需的条件。

一、正确处理个人理想和社会理想的关系

（一）人生不能没有理想追求

一项调查结果显示：目前包括中职生在内的中学生在理想问题上，有以下四种情况：

1. 理想模糊，没有明确的理想。如有人认为："理想的实现不由自己决定，没有理想也过得好好的。""我对未来没有什么想法，只想自由自在地过日子。""一个中职生能有什么理想，过一天算一天吧。"

2. 有理想，但容易动摇，缺乏持久性和坚定性。如有人认为："我将来要成就一番事业，但一遇到困难就泄气。""模范人物的先进事迹，使我很感动，我也很想向他们学习，但做起来又觉得有许多困难。"

3. 把理想和职业等同起来，简单认为理想就是有一个称心如意的好工作。

4. 具有远大的理想，把个人理想与社会理想有机结合起来。

理想，一个多么美好的字眼，古今中外，多少文人墨客不吝笔墨对之讴歌赞颂。理想对一个国家、民族和社会的发展，对个人成长都有很重要的作用。

理想的内容十分丰富，可以从不同的层次进行划分。按照性质，可以划分为科学理想和非科学理想、崇高理想与庸俗理想之别；按照主体，可以划分为个人理想、集体理想和社会理想；按照内容，可以划分为政治理想、道德理想、职业理想和生活理想等。

凡是符合事物发展规律的理想，是科学的理想；凡是不符合或违背事物发展规律的理想，是非科学的理想。我们所说的有理想，是指科学的、崇高的理想。

理想是人们对未来美好目标的向往和追求。理想是人们前进的巨大动力，指引着人生前进的方向；理想是凝聚人心、团结奋斗的精神支柱，也是人生的精神支柱；理想是战胜困难、夺取胜利的力量源泉，也是人生进步的力量源泉。

火车轮船需要动力才能朝着既定目标前进，动力越大，跑得越快，人生发展更需要动力。理想在人生发展中有着重大作用。一位思想家曾经用自然状态下的喷泉来比喻理想的作用：喷泉的高度不会超过它的源头；一个人的事业也是这样，他的成就绝不会超过自己的理想。理想有多高，成就便有可能达到多大。古今中外，多少科学家、思想家、文学家、军事家胸怀远大理想，引领光辉的人生历程，成就千秋业绩，为人类的生存与发展做出了卓越的贡献，在人们心目中筑起了不朽的丰碑。

"人如果没有理想，和一条咸鱼有什么分别？"这是周星驰在《功夫》里的台词。有人认为，有没有理想，还不是照样学习、吃饭、工作，理想没有什么作用。表面上看来，有无理想都要学习、吃饭、工作。但是，有无理想，学习、吃饭和工作的质量

是大不一样的。有理想的人生才是丰富的人生；有理想的人生才是充实的人生；一生为理想执着追求、奋斗不息的人生，才是有意义、有价值的人生。

每个人都应该有理想追求。理想是人生航程的灯塔，是我们人生奋斗的目标，一个人如果没有理想，生活不仅失去方向，而且会黯然无光。

（二）个人理想与社会理想的辩证关系

个人理想是指个人在物质生活、精神生活、道德情操和职业等方面的追求和向往。由于每个人所处的社会历史条件、工作生活环境以及个人经历、年龄和兴趣爱好等不同，其奋斗目标也有层次的差异。个人理想包括生活理想、道德理想、职业理想和政治理想等。

个人理想具有四方面特征：第一，现实的可能性。个人理想本身包含着现实的要素，尤其是反映着现实发展的客观规律和趋势，是经过努力能够在将来变成现实的合乎规律的想象。第二，超越性。个人理想是对现实合乎规律的超越，比现实更高远、更美好的目标。第三，个体差异性。不同的人有着不同的理想，个人理想总是体现着个体的差异。第四，社会历史性。理想是一定社会关系的产物，带有特定历史时代的特征，不同时代的理想反映着当时的生产力水平和社会条件。

个人理想中的生活理想是个人对未来一定生活方式的向往和追求；道德理想是个人对做人的标准和道德境界的向往和追求；职业理想是个人对未来所从事职业的向往和追求；政治理想是个人在国家管理和自身仕途方面的向往和追求。

个人理想不是凭空产生的，是在现实生活中形成的，是对客观现实的自觉反映。个人理想的确立不能简单地仅仅从个人角度出发考虑问题，一定要和社会背景、社会发展、社会理想相结合。

社会理想是人们对未来美好社会制度的向往和追求。各个时代的人都会提出自己的社会理想，而社会的发展进步也是一代又一代人不断提出社会理想并为之奋斗的结果。

知识拓展

在我国历史上，有许多思想家和政治家对人类社会未来的前景做出了各种美好的描述。《礼记》中描述的“天下为公”，是我国古代人民所追求的最高社会理想——大同理想的最早蓝本。陶渊明的“世外桃源”，描绘了一幅没有剥削、没有压迫，人人劳动，平等、自由的美好的生活图景，寄托了他的社会理想。洪秀全的“太平天国”，《天朝田亩制度》提出“有田同耕，有饭同吃，有衣同穿，有钱同使，无处不均匀，无人不饱暖”的口号，是农民阶级向往和追求的理想“天国”。康有为的“大同世界”，《大同书》设计了一个无限美好的世界。孙中山则把“世界大同”“天下为公”作为自己的最高理想。

根据马克思主义的科学预见，共产主义社会将是物质财富极大丰富、人民精神境界极大提高，每个人自由而全面发展的社会。这是人类社会发展的必然趋势，是我们的最高理想。同时必须看到，共产主义社会只有在社会主义社会充分发展和高度发达的基础上才能实现，实现共产主义是一个漫长的历史过程。

现阶段我国各族人民的共同理想，是建设中国特色社会主义，把我国建设成为富强、民主、文明、和谐、美丽的社会主义现代化强国，实现中华民族伟大复兴。我国人民的这一共同理想，是基于社会发展客观规律，基于中国历史发展规律和现实国情，符合全国人民的根本利益和共同愿望，必然受到全国人民的衷心拥护。

实现共同理想，是实现共产主义理想的必要准备和必经阶段。实现最高理想，是实现共同理想的必然趋势和最终目的。在现阶段，我们为实现共同理想而奋斗，也就是为实现共产主义远大理想而奋斗。

个人理想和社会理想是辩证统一的。一方面，社会理想决定和制约着个人理想，个人理想以社会理想为导向。社会理想是个人理想实现的条件，违背社会理想的个人理想很难实现。因为人是社会的人，任何个人都不能脱离社会而存在，正确的个人理想不能按照个人的主观愿望随意决定，个人理想的实现除了主观努力外，更多地取决于他所处的社会环境、时代条件，从根本上讲，个人理想是由社会理想决定的。另一方面，社会理想以个人理想为基础，个人理想体现着社会理想。社会理想不排斥个人理想，社会理想的实现，要靠社会成员当中每个个体的努力奋斗。

（三）自觉把个人理想融入共同理想之中

哲理故事

2013 年 2 月，教育部发出《在全国各级各类学校深入开展“我的中国梦”主题教育活动的通知》，要求通过这一主题教育活动，教育引导广大学生深刻领会实现中华民族伟大复兴是中华民族近代以来最伟大的梦想；深刻领会每个人的前途命运都与国家和民族的前途命运紧密相连；深刻领会空谈误国，实干兴邦，“中国梦”的实现需要广大学生坚定理想信念，励志刻苦学习，积极投身实践，为把我们的国家建设好、发展好而努力奋斗。

社会发展决定个人发展，个人发展受社会条件和发展规律的制约。只有顺应社会发展的个人理想才能得到实现。个人理想只有符合社会理想，个人的聪明才智才能得到正确、充分的发挥，个人的人生价值才能得到充分体现。个人理想只有同国家的前途、民族的命运相结合，个人的向往和追求只有同社会的需要和人民的利益相一致，才可能变成现实。青年学生只有把个人理想自觉融入中国特色社会主义的共同理想中，才能促进个人理想的实现。

个人理想怎样才会放出光芒呢？只有融化于祖国和人民之中。范仲淹“先天下之忧而忧，后天下之乐而乐”的志向，杜甫的草屋为秋风所破，却志在“安得广厦千万间，大庇天下寒士俱欢颜”。正是因为他们的理想是为人民大众的，才被人们千古称颂。树立个人理想，要以国家的需要和人民的根本利益为基础。相信所有的中职生都希望自己能成才，但成才必须顺应历史发展趋势，这个“势”在某种程度上说，就是建设中国特色社会主义，实现中华民族的伟大复兴。

自觉把个人理想融入共同理想中，必须树立中国特色社会主义的共同理想，坚定走中国特色社会主义道路的信念，坚定实现中华民族伟大复兴的信心。

自觉把个人理想融入共同理想中，在确定个人理想时，必须立足于社会现实以及个人的客观实际，根据社会发展规划个人发展，使个人发展与社会发展同步，使人生规划紧扣时代脉搏。

实现中华民族伟大复兴是中华民族近代以来最伟大的梦想，实现这一梦想为我们每个社会成员提供了展示才华的舞台。实现中国梦的伟大实践是个人理想的基础和取之不尽、用之不竭的力量源泉。我们只有把共同理想与个人理想结合起来，把倡导对国家、集体的责任感和奉献精神与满足个人的利益愿望、实现个人的价值统一起来，个人理想才会有深厚的社会基础和持久的生命力。

二、正确处理理想与现实的关系

（一）理想不能是空想和幻想

理想与空想和幻想不同。理想是人的意识对现实的自觉反映，凝聚着人们对未来的憧憬和希望，召唤、激励着人们把它变成现实，具有能够实现的必要。

幻想是创造想象的一种特殊形式，由个人愿望或社会需要而引起，是一种指向未来的想象。积极的、符合现实生活发展规律的幻想，反映了人们美好的理想境界，往往是人的正确思想行为的先行。艺术幻想是一种创作手段，是作家不满足于模仿现实的本来形态，而按自己的需要来虚构形象的一种创作方法。它植根于生活，往往又对生活作夸张的叙述和描绘而达到一种升华，因而幻想中的事物比真实情况下的事物更活跃，更富色彩。幻想是童话的基本特征，也是童话用以反映生活的特殊艺术手段。

有的幻想，随着人类认识和实践的发展，也有可能转化为现实。如“嫦娥奔月”是几千年来我国劳动人民的一个幻想，现在，由于航天工业的发展，人类登上月球已经成为现实。

空想缺乏现实客观条件，是根本无法实现的想象。幻想在现实中有一定的根据，但这些根据还达不到实现的必要条件。

（二）理想与现实的辩证关系

哲理故事

小田从小喜欢绘画，一心希望未来的职业与绘画有关。可是，中考失利让她选择了职业学校，并且所选专业与绘画没有直接关系。

刚到学校时，她觉得职业理想无法实现，没有了学习动力。老师发现后，让小田负责班级的板报工作。通过努力，她把板报办得有声有色。这渐渐培养起她对职业理想的期望。她制定了短、中、长期目标。短期目标：做好班级各项宣传工作，积极参加学校组织的各项美术活动，利用课余时间提高专业能力；中期目标：选择适合自己、与兴趣爱好有关的职业；长期目标：做个优秀的美术工作者。为了实现职业理想，她要求自己做好任何一项与美术有关的工作。她负责的板报一直是学校第一名。

小田还利用闲暇时间向装潢专业的同学请教。通过努力，她设计的板报风格独特，形式新颖，深受同学和老师喜爱。同时，她开始在班刊上大显身手……在3年的学习生活中，小田的综合素质得到很大提高。就业应聘时，很多单位看好她的能力，准备高薪录用，但她毅然选择了一家大型商场做普通美工。同时，小田考取了函授专科，继续充电。

经过锻炼，小田的美工水平有了较大提高。为了更好地实现职业理想，她果断放弃已经熟悉的工作环境，只身应聘到报社做美术编辑。这项工作很辛苦，但她做得开心，得心应手。如愿干上美编，但她没有放松努力。她说："理想与现实并不等同，但我相信付出会有回报。"

在现实生活中，理想与现实之间不可避免地存在着各种矛盾，如同一句流行语所说的"理想很丰满，现实很骨感"。理想是比现实更美好的目标，现实总是有缺陷的。有的中职生不明白这个道理，往往把现实与理想等同起来，看到现实生活中的一些丑恶、不合理的现象就全盘否定现实，产生悲观情绪。其实正是因为现实生活中有许多不尽如人意的地方，才需要进行改革，理想实现的过程，就是改变不合理现实的过程。

理想与现实是对立统一的关系。理想与现实是有区别的，它们是对立的：理想源于现实，但不等于现实，而是高于现实；理想是主观的，现实是客观的；理想是未来的，现实是当下的；理想是美好的，现实既有美好的一面，也有丑陋的一面。

知识拓展

1. "以理想来否定现实"的误区。有的人用理想的标准来衡量和要求现实，当发现现实并不符合理想的时候，就对现实大失所望，甚至极为不满。长期这样，可能会导致对社会现实采取全盘否定的态度，逃避或反对现实社会。

2. "以现实来否定理想"的误区。有的人发现理想与现实的矛盾时，不加分析地全盘认同当下的现实，对于现实中一些消极乃至丑恶的现象不愤怒、不斗争，甚至与之同流合污。还有的人由于看到理想与现实的矛盾，而对理想失去信心和热情，"告别理想""告别崇高"，热衷于"实惠"，陷入拜金主义、享乐主义和极端个人主义的泥坑而不能自拔。

理想源于现实，现实是理想的基础。任何理想都是一定社会历史条件和社会经济关系的产物，不可能脱离当时的客观条件。理想离开了现实就会成为无源之水、无本之木。但理想不等于现实，而是高于现实，由于人们不满足于现实，才产生了理想，才为美好的未来而奋斗。理想是现实发展的方向，是比现实更高远、更美好的目标。

理想与现实又是有联系的，它们是统一的：现实孕育着理想，包括理想实现的条件和因素，是理想的基础；在一定条件下，理想可以转化为现实。过去的理想已经变为今天的现实；今天的理想，可以转化为明天的现实。

实现民族独立和人民解放，把半殖民地半封建的旧中国变为人民民主的新中国，这是鸦片战争以来无数革命先辈为之奋斗的崇高理想，中华人民共和国的成立和社会主义制度的建立．标志着这一理想已经变为现实。把我国建设成为富强民主文明和谐美丽的社会主义现代化强国，实现中华民族的伟大复兴，是现阶段我国各族人民的共同理想。经过新中国成立 60 多年来特别是改革开放 40 年来的努力，这一理想正在逐步变为现实，在各族人民的共同努力下，到 21 世纪中叶新中国成立一百年时，今天的共同理想将成为祖国的现实。

理想与现实之间的这种对立统一关系推动着人们不断地去改造现实，实现理想。当然，理想的实现需要一定的主客观条件，在主观条件中，艰苦奋斗是把理想转化为现实的重要条件，是实现理想的阶梯和桥梁。我们必须创造更多的条件促进理想转化为现实，为实现理想而奋斗。

（三）在奋斗中将理想转化为现实

知识拓展

从全面建成小康社会到基本实现现代化，再到全面建成社会主义现代化强国，是新时代中国特色社会主义发展的战略安排。我们要坚忍不拔、锲而不舍，奋力谱写社会主义现代化新征程的壮丽篇章！

——选自党的十九大报告

树立了理想后，关键是如何实现自己的人生理想。俄国作家克雷洛夫曾做过一个精彩的比喻："现实是此岸，理想是彼岸，中间隔着湍急的河流，行动则是架在川上的桥梁。"也就是说，要把理想变为现实，必须付出辛勤的劳动，必须有实实在在的社会实践。不经过人们的劳动、实践和艰苦奋斗，任何理想的实现都是不可能的。

从历史传统的角度来讲，艰苦奋斗是中华民族的传统美德和中国革命的光荣传统。中华民族以勤劳著称于世，历来有克勤克俭、艰苦奋斗的优良传统。历代有许多至理名言，如"克勤于邦，克俭于家""历览前贤国与家，成由勤俭败由奢""忧劳可以兴国，逸豫可以亡身"等，至今仍有积极的现实指导意义。这一传统美德在我们党和人民中间发扬光大，成为中国革命的优良传统。

艰苦奋斗是指不怕艰难困苦，集中表现为艰苦创业精神。历史和现实表明，一个没有艰苦奋斗精神做支撑的民族，是难以自立自强的。任何时候，艰苦奋斗的优良作风不能丢，它永远是我们的传家宝。

作为青年学生必须积极创造条件，艰苦奋斗，在社会发展中实现自己的个人理想。

实现理想必须立足于现实，踏实肯干。任何理想的实现都离不开与现实的统一，如果不从现实出发，或者对环境的要求过于“理想化”，这也看不惯，那也看不惯；或者好高骛远，追求一些不切实际的东西，就不仅使自己陷入无端的烦恼，降低实现理想的信心，而且会失去实现理想的依托。同样，如果没有实干精神，任何理想都将化为泡影。因此，我们为崇高理想而奋斗，就必须从现在做起，脚踏实地干好每一件事，防止眼高手低、光说不干的理想口头主义。因为，无论是共同理想，还是个人理想，都需要通过脚踏实地的埋头苦干才能够达到。

哲理故事

某职业学校的李娟一入学就立志成为一名优秀的储蓄员，站在储蓄柜台上，为各种各样的顾客服务成为她的梦想。

为了实现这个梦想，李娟在校期间勤奋学习，刻苦练习储蓄员的基本功——点钞、打字，每天坚持练点钞两三个小时，常常被练功券、捆扎带割破手指，鲜血浸透了练功券和捆扎带……最终她以优异的专业成绩被录用到某市邮政局储蓄科工作。

李娟在储蓄员的岗位上虚心学习，刻苦钻研。她把在学校学到的现代礼仪和服务知识运用到储蓄服务工作中去，并把临柜服务作为一门学问来做，潜心研究客户心理和需求，逐步摸索出一套针对不同客户心理、性格而采取的个性化服务方法，力求达到客户“进门舒心，出门放心”的服务效果。李娟的努力工作吸引了一批批固定的客户群，为企业创造了良好的经济效益和社会效益。

李娟就是这样立足平凡工作岗位，努力学习，锐意进取，在汗水中体味充实的快乐，实现着自己的梦想。

实现理想必须从点滴做起，要有坚忍不拔的意志。任何美好理想的实现，都是由无数平凡、琐碎的具体努力积累和发展起来的。平凡的工作，正是向理想靠近的阶梯。每一个有志青年都应该从眼前做起，从平凡做起，充分施展自己的才华，一步一步达到理想境界。同时，理想的实现不可能是一帆风顺的，而是一个曲折迂回的过程。缺乏坚忍不拔意志的人往往容易对已经确立了的理想发生动摇，或缺乏使之实现的信心和决心，因而无法使正确的理想化为实践活动。只有那些在达到目标的过程中面对阻碍全力拼搏的人，才有可能顺利到达理想的彼岸。

第三节　无私奉献与人生价值

一、价值与价值观

（一）价值与价值观的含义

哲学范畴而言，价值是指客体能够满足主体的某种需要的有用性的关系，即客体对主体所产生的积极意义，包括客体的性质、状况和自身属性。

价值观，是人们对价值问题的根本看法，包括对价值的实质、构成、标准的认识，对于这些问题认识的不同，形成了人们不同的价值观。价值观一般可以分为物质性和精神性的价值。每个人都是在各自的价值观的引导下，形成不同的价值取向，追求自己认为最重要、最有价值的东西。价值观是人生观的核心内容之一。能否树立正确的价值观和科学、合理的价值取向，对一个人的发展至关重要。

（二）价值观的作用

首先，价值观是人生重要的导航。它决定了一个人选择什么扬的生活方式，能实现什么样的人生价值，这些都是在一定的价值观指导下进行的。人们在面对公义和私利、生和死等冲突时候，价值观不同，其选择也是不同的。

其次，在我国现阶段，富强、民主、文明、和谐是国家层面的价值目标，自由、平等、公正、法治是社会层面的价值取向，爱国、敬业、诚信、友善是个人层面的价值准则。这 24 个字是社会主义核心价值观的基本内容，为培育和践行社会主义核心价值观提供了基本导向。我们要根据社会主义核心价值观来指导和规范自己的行为，在实践中把我国社会主义核心价值观和自己的点滴行为结合起来，形成自我精神追求。

最后，价值观是人对事物的是非、善恶和重要性的评价。当我们拥有正确的价值观，就会形成正确的是非观来指导我们的行为，导致事物向成功方向发展；反之，当我们的价值观不正确的时候，就会导致不正当的行为，最终导致失败。

哲理故事

1835 年 8 月，中学毕业的马克思撰写了《青年在选择职业时的考虑》，这是他在思考自身生命轨迹甚至人类前途时，作出的一次重要价值抉择与时代省思。他慷慨激昂地向世人宣称：“如果我们选择了最能为人类而工作的职业，那么，重担就不能把我们压倒，因为这是为大家做出的牺牲……我们的事业将悄然无声地存在下去，但是它会永远发挥作用，而面对我们的骨灰，高尚的人将洒下热泪。”

在这简短的文字中，马克思的择业观可见一斑，那就是从事为全人类谋福祉的事业并甘愿为之贡献一生。当代中国青年也正处在和马克思当年一样的年龄阶段，也正面临着类似的人生抉择。那么，以何种价值观念规划我们的人生，以何种实践路径继承马克思留下的精神遗产，便成为我们青年必须回应的问题。

马克思说：“人只有为同时代人的完美、为他们的幸福而工作，自己才能达到完美。”人无完人，这里所谓的“完美”，实际是指在人类历史发展的基础上，人所达到的“自由而全面发展”的现实状态，而这种状态得以实现的前提，应当是每个人积极主动地为全社会的共同利益而“工作”。

19 世纪以来，人类社会的现代化进程不断深化，每个人都逐步融入分工和交换的体系，在满足他人需求的同时满足自身的需求。所以，社会中个体间的相互依赖关系，比以往任何一个时代都要错综复杂；社会的命运前途和个人的命运前途，比以往任何一个时代都要息息相关。

对于个人而言，只有整个社会的力量得到了更好的发展，个人的利益和诉求才能得到真正的满足；对于社会而言，只有每个人的才智都得到了充分的彰显，整个社会才能欣欣向荣。

集体主义、爱国主义精神既是中国特色社会主义制度前进发展的必然要求，也是其自身优越性在意识形态领域的必然呈现。习近平总书记指出：“爱国，不能停留在口号上，而是要把自己的理想同祖国的前途、把自己的人生同民族的命运紧密联系在一起，扎根人民，奉献国家。”因此，当代中国青年应当正确认识人类社会发展现阶段的基本特征以及我国的基本国情，把个人需要与社会需要有机统一起来，才能在服务他人的过程中，推动自身和整个国家的前进与变革。

理解时代新特征，把握时代新需要，是每个中国青年实现个人价值与社会价值的思想前提。习近平总书记在党的十九大报告中指出：“中国特色社会主义进入新时代，我国社会主要矛盾已经转化为人民日益增长的美好生活需要和不平衡不充分发展之间的矛盾。”当今中国的时代特征，就是新时代视域下，我国社会的新发展与新变革；当今中国的时代需要，就是在不断的改革与发展中超越社会主要矛盾。

改革开放 40 多年来，我国已成为世界第二大经济体，对当代人类社会的发展发挥着日益重要的作用。在中国与世界的交流中，正是推进新时代中国特色社会主义事业的精神信念，凝聚着中华民族；正是万众一心努力实现中国梦的

价值追求，鼓舞着中国人民。所以，新时代中国特色社会主义是生机勃勃的，并必将继续迸发出强大的生命力和凝聚力。面对这样的时代趋势，我们青年在进行未来人生的规划时，应当具备广阔的世界历史视野，正确认识中华民族的发展历程，正确把握当代中国与世界各国的关系，坚定“四个自信”，树立远大志向，矢志为中国人民的“美好生活”而奋斗，在新时代的大潮中建功立业。

2018年5月2日，习近平总书记在与北大青年学子分享读书心得时说：“学术、知识不能只是在嘴上，要联系实际，做到知行合一、格物致知、学以致用。”的确，只有通过实践，理论学说的真理性才能得到有效检验；只有通过实践，理想信念才能在土地上生根发芽。我们青年在树立崇高理想的同时，更应该在具体的社会实践中提升自身的综合能力、实现自己的志趣抱负。

“你要知道梨子的滋味，你就得变革梨子，亲口吃一吃”，正确的认识必然要以实践为基础。彻底脱离了实践的认识，只能成为主观的臆造，成为象牙塔里抽象空洞的概念体系。毛泽东同志曾反复强调实践对认识的重要意义，在《反对本本主义》《实践论》等篇章中指出，要想理解中国问题，不能照抄照搬其他国家民族的经验教训，而应当深入中国的革命实践中去。实际上，习近平新时代中国特色社会主义思想，正是中国特色社会主义伟大实践的科学理论产物。

实践也是锻造自我、实现理想的必由之路。青年时代的习近平，在梁家河度过了他人生中充实忙碌的7年。在这7年间，他扎根基层、依靠群众，在艰苦的实践奋斗中，深刻理解了广大群众的所想所需，积极为乡亲们造福祉，坚定了终生为民谋福的初心。我们当代青年，应该踏实自省，认真学习总书记这种艰苦朴素、积极奋进的实践情怀，把个人未来的职业选择同人民的发展需要紧密结合起来，共建新时代、把握新机遇，在各自的实践领域中，实现自己崇高的理想追求。

——选自《中国青年报》（有删减）

二、人的价值的含义

人的价值包括两方面：一是个人对社会的责任和贡献，二是社会对个人的尊重和对其需要的满足。第一种体现了个人行为对社会和他人的意义，即人的社会价值；第二种体现了社会对个体存在和个体对自身存在的意义，即人的自我价值。

自我价值表现为对自身物质和精神需要的满足程度，是社会对个人、个人对自己作为人的存在的一种肯定关系。比如，个人对基本生存条件的获得，对自我社会身份的确认和尊重，以及在知识、道德、人格等方面的自我完善等。自我价值的实现是人所共同的追求，也是个体进步的表现。不同社会形态中，自我价值的实现结果完全不同。

社会价值表现为个人满足社会或他人物质的、精神的需要，通过自己的实践活动所做出的贡献和承担的责任。人的社会价值的大小，取决于个人对社会所做贡献的多少。个人贡献有可以从物质和精神两个方面，比如，重大的发明创造，惊人的英雄壮举，而大量的表现为平凡工作中的默默奉献。

哲理故事

顾方舟祖籍浙江宁波，1926 年 6 月出生在上海，是著名医学科学家、病毒学专家。顾方舟 4 岁的时候，父亲就不幸去世，母亲为了养家糊口，辞去了教师的职业，只身到杭州学习刚刚兴起的现代助产技术，早年顾方舟都是由外婆照顾。

1944 年顾方舟就读于北京大学医学院医学系，毕业后去往苏联医学科学院病毒学研究所病毒学专业继续攻读博士学位。1955 年，顾方舟博士毕业回国，正赶上江苏南通一种“怪病”爆发，当时全市一千六百多人突然瘫痪，其中大多为儿童，死亡人数达到了 466 人。

这是一种隐性传染的病症，起初和感冒一样，可一旦发病，孩子的腿脚手臂无法动弹，如果炎症发作在延脑，更可能有生命危险。这就是俗称小儿麻痹症的脊髓灰质炎。当时病毒迅速蔓延到青岛、上海、济宁、南宁等地。因为生病的主要是 7 岁以下的孩子，一旦得病就无法治愈，疫情的爆发一度引起了社会的恐慌。

曾有家长背着孩子来找顾方舟，求他给孩子治病，可顾方舟也是束手无策，只能告诉孩子家长，自己也没有办法，这病暂时治不了。当时我国每年有一两千万新生儿出生，顾方舟知道，早一天研究出疫苗，就早一天挽救更多孩子的未来。1957 年，31 岁的顾方舟临危受命，在昆明远郊的山洞里建立了实验室，开始了脊髓灰质炎研究工作。第二年，顾方舟从患者粪便中分离出了脊髓灰质炎病毒并成功定型，为免疫方案的制定提供了科学依据。

当时国际上存在“死”“活”疫苗两种技术路线。当时的情况下，死疫苗最为稳妥，而且比较成熟，缺点就是比较昂贵，效果不好，而且对当时我国的国力来说并非易事。而活疫苗效果高，但是安全性未知。

顾方舟深知世界上的科学技术，说到底还得自力更生，经过深思熟虑，顾方舟觉得，要在中国消灭脊髓灰质炎，就只能走活疫苗路线。按照他的计划，分为动物实验和临床试验。临床试验又分为Ⅰ、Ⅱ、Ⅲ三期。

临床试验第一期要在少数人身上检验效果，这就意味着受试者面临着未知的风险，顾方舟选择用自己第一个试用，冒着瘫痪的危险，义无反顾地喝下了一小瓶疫苗。一周后，他的生命体征平稳，没有出现异常。

但这并不表明疫苗就成功了，自己是成年人，本身对病毒有免疫力，要想进行下一个阶段，必须证明这个疫苗对儿童也安全才行，可谁又愿意把孩子给顾方舟做试验？

无奈之下，顾方舟做出了一个艰难的决定，瞒着妻子，给刚满月的儿子喂下了疫苗。随着顾方舟做出这样的选择，实验室一些研究人员也纷纷做出选择，让自己的孩子参加了这次试验，经历了漫长而又煎熬的一个月，孩子们一切正常，第一期临床试验终于顺利地通过了。

1960 年，首批 500 万人份的疫苗在全国 11 个城市推广开来。疫情开始好转，但问题依然不小，首先是储藏条件不足，在当时许多地区的覆盖来说难度不小，其次就是针对的主要是孩子，服用也是问题。经过反复研究，终于顾方舟找到了一个办法，将疫苗做成了“糖丸”，不仅解决了孩子们不喜欢吃的问题，还比液体的疫苗保存期更持久，至此，陪伴了数代中国人的“糖丸”诞生了。

从 1990 年全国消灭脊髓灰质炎规划开始实施，到 1994 年发现最后一例患者后，至今未发生本土野病毒引起的脊髓灰质炎病例。2000 年，“中国消灭脊髓灰质炎证实报告签字仪式”在卫生部（现卫健委）举行。可以说脊髓灰质炎在中国彻底消灭了。2019 年 1 月 2 日，顾方舟因病在北京逝世，享年 92 岁。同年 9 月 17 日，国家授予顾方舟“人民科学家”国家荣誉称号。

他一生中最伟大的事，就是喂中国孩子吃“糖丸”；他把毕生的精力，都投入消灭脊髓灰质炎这一可怕的儿童急性病毒传染病的战斗中，是中国组织培养口服活疫苗开拓者之一，为中国消灭“脊灰”的伟大工程作出了重要贡献。正如李以莞写给他的挽联：“为一大事来，鞠躬尽瘁；做一大事去，泽被子孙”。

社会价值和自我价值的关系是辩证统一的。主要从以下几方面说明：

第一，社会价值是人的根本价值，是自我价值实现的基础。人的真正价值在于奉献。人的社会价值与自我价值相比较，人的社会价值是主要的、根本的。没有社会价值，人生的自我价值就无法存在。人总是生活在社会当中，个人无法脱离社会而存在和发展。个体的人生活动不仅要满足自我的需要，还必须满足社会的需要。一个人的需要能不能从社会中得到满足，在多大程度得到满足，取决于他对社会和他人的贡献，即人的社会价值。

第二，自我价值是实现人生价值的基本条件。社会会根据个人对社会的贡献程度，对个人需要给予相应的满足，从而实现人的自我价值。

三、实现人生价值的主客观条件

（一）主观条件

在一定的客观条件下，主观能动性的充分发挥，个人条件越成熟，个人对社会的贡献就越大，人生就越有价值。

首先，主观条件包括良好的个人素质。个人素质包括思想政治素质、道德素质、科学文化素质、心理素质和身体素质。这些素质相信作用，是人全面发展的有机组成部分，对个人实现人生价值具有非常重要的意义。所以，青年学生要加强学习，全面提高个人素质，为实现人生价值提供有利主观条件。

其次，思想政治素质是一个人整体素质中占据核心地位，对其人生发展具有定向和动力作用。过硬的政治素质是实现人生价值的重要条件，这就要求我们要多关心政治、不断学习政治理论，提高理论素养，保持政治警惕性和敏锐性。

再次，道德素质是一个人的道德品质，有了良好的道德品质，才能爱岗敬业，积极工作。为社会尽到责任，展现自己的人生价值。心理素质是指一个人的情感、意志等心理状态。心理素质的好坏对个人成长非常重要。人的良好的心理状态下，能够适应外界的变化情况，充分发挥自己的潜在能力，创造性的学习和工作。

最后，主观条件要遵循社会发展客观规律，这样才能充分发挥主观能动性下，取得更有价值的人生，对社会做出更多的贡献。

哲理故事

1963 年，远在甘肃黄土高坡的敦煌文物研究所迎来了一位来自北京大学历史系考古学专业的女大学生，她就是樊锦诗。面对大城市和千里之外的这个小镇的工作选择，她毅然选择了这里，从此一待就是 41 年。“报效祖国、服从分配、到最艰苦的地方去！”这些都是那个年代影响青年人人生走向的主流价值观，而她毕业之后也毅然决然选择了这条路，来到茫茫大漠中的莫高窟，住进了莫高窟旁边的破旧的小庙。

樊锦诗曾回忆当时情景：“初见敦煌，惊艳无比。”但敦煌艰苦的环境同样令她惊讶，山洞外黄土漫天，在这里住简直像“住在土里”……刚来的时候她曾多次想赶紧离开这里，但又放不下莫高窟的一切。那些壁画那些古文物无时无刻不提醒她：一代又一代的莫高窟人都能坚持，为什么我不行？极其艰苦的环境让身材瘦弱的她开始水土不服，漫天的黄土让人无法呼吸，很多来这里的人开始患上哮喘，肺部积尘，但是在这种环境下樊锦诗毅然选择了坚持。她说“祖国的需要，就是我的志愿。”她本可以在北京上海当一名光鲜的白领，但是她放弃了。

1977年，樊锦诗被任命为敦煌文物研究所副所长，工作更加忙碌了。“你对它有深深的爱，就会想尽一切办法去保护它。”樊锦诗对敦煌的文物有深深的爱，正是这些爱，让她放弃了大城市的舒适生活，来到这里想尽办法保护文物。随着国家西部大开发战略的提出，每年到敦煌的游客在数量上激增至20万人次。相比十年前翻了两番。已经是敦煌研究所院长的樊锦诗在入窑考察时，刚进洞口立刻被呛人的香水味熏得连打喷嚏。和一百年前的壁画相比，莫高窟壁画色彩消退了很多，日渐模糊的壁画让她忧心忡忡。壁画本不易保存的属性，让它随时间流逝不断老化。游客的到访，汗味、香水味对壁画的腐蚀更加重了这一趋势。

“倘若禁止游客参访，将这份全人类的瑰宝束之高阁，则显得过于自私。”摆在樊锦诗面前的，是一个进退两难的问题。已经60岁的她斗志昂扬，提出要为每一个洞窟、每一幅壁画、每一尊彩塑建立细致丰富的数字档案，通过高清数字化内容将敦煌之美展现给全世界。2016年“数字敦煌”正式上线，78岁高龄的樊锦诗向人们展示了只需要点击鼠标，就可以在网上免费观览莫高窟30个经典洞窟的高清全景，就如同置身石窟中游览一样，甚至比石窟中看到的更清晰更细腻。30个经典洞窑、4.5万平方米壁画的高清化内容可以让游客从网上一览无遗。全景漫游的体验和全息投影让你足不出户就可以观看整个石窟。

季羡林曾经说过，敦煌是中国、印度、希腊、伊斯兰四大文明体系的唯一交汇。在风沙中沉默了千百年后，这颗深埋大漠的遗珠，终于迎来了樊锦诗。

莫高窟隐藏的巨大商业价值让敦煌方面想对莫高窟进行商业开发，甚至还有上市的打算。但是，一旦莫高窟成为地方的摇钱树，牵扯入利益纠葛的古文物将很难被好好保护。她坚决反对这一方案，率领同事在北京、兰州两头奔波，与人争辩、高谈阔论，详细讲解敦煌文化的重要性。为了省下20元，她和同事一起住招待所，一次次为保护莫高窟竭尽全力。

无论是从壁画病害防治到崖体加固，也无论是从环境监测到风沙治理，樊锦诗和敦煌研究院的保护工作者在敦煌遗产的各个领域不断探索创新，在她的带领下，敦煌遗产保护翻开了新篇章，走上了科学保护之路。樊锦诗清醒地认识到，面对如此灿烂的文化遗产，保护仅靠人和技术还不够，还要立法和制定保护规划。在她的倡导和推动下，《敦煌莫高窟保护条例》和《敦煌莫高窟保护总体规划》近年来先后公布实施。她带头参与科研，与国际上优秀的文物保护机构合作，不断将先进的保护理念和技术引入敦煌遗产保护。

“敦煌的女儿”——樊锦诗，一位甘愿用生命守护敦煌，用她的一生谱写了一个文物工作者的平凡与伟大的女子，让全国和全世界人民为之骄傲。

（二）客观条件

人生价值的实现需要一定的客观条件，包括社会历史条件、社会生活环境等因素。首先，个人发展成才必须依赖社会的经济状况、政治法律制度和科学文化水平等，同时要受到这些因素的制约。其次，人生价值的实现需要一定的社会生活环境因素，这些因素包括家庭环境、学校环境、工作环境等。

四、实现人生价值的途径

（一）在劳动中实现人生价值

劳动是人类的本质活动，把人与其他动物从根本上区别开了。人通过劳动改变自然、创造属于自己的物质生活条件。劳动是人类最基本和最重要的社会实践，是人类社会生存和发展的根本前提。

劳动是社会财富的源泉。劳动是实现人生价值的必由之路，也是拥有幸福人生的必经途径。人生价值的实现是社会实践中积极能动的劳动创造过程。所以，只有劳动才能更多地奉献社会，才能更好地体现自己的人生价值。

（二）在社会价值和自我价值的统一中实现人生价值

对个人而言，只有整个社会的力量得到了更好的发展，个人利益和诉求才能得到真正的满足；对社会而言，只有每个人的才智都得到了充分的彰显，整个社会才能欣欣向荣。当代青年，把个人需要和社会需求统一起来，才能在服务他人的过程中，推动自身和国家向前发展。

（三）在服务社会、为人民服务中实现人生价值

在实现人生价值的路途中，要时刻把自己的主观条件和客观实际相结合，充分发挥自信、自强的自觉能动性，在不断奋斗中，提升自己的学习成绩，在未来的工作中提升自己的工作技能。在认识改造世界中，在劳动实践中，在劳动奉献中，自觉维护国家和人民利益，在服务社会、为人民服务中，自觉成长成才，为实现自我梦想而努力奋斗。

第五单元 寻求人生发展的本质，实现人生的全面发展

学习目标

1. 能够正确处理利己与利他、公与私、利与义的关系；
2. 理解人生价值在于奉献的含义；
3. 理解人的全面、自由发展的内涵。

第一节　人的本质与利己利他

人生活在社会中，都会遇到利益关系，都不能回避利己和利他的矛盾。对利己和利他关系的解决，是对人生发展的考验。只有深刻把握人的本质，正确看待和处理利己利他的关系，才能实现人生发展，创造人生价值。

一、正确处理利己与利他的关系

（一）人生发展不能损害他人的利益

人生发展始终伴随着利益关系。人生活在世界上，不能没有衣、食、住、行等方面的基本生活资料，不能没有自己的利益追求，从这个意义上也可以说，人不能不利己。但是，自己利益的实现不能脱离社会，脱离他人，更不能以损害他人利益为前提。

所谓利益，就是人们在物质上和精神上得到的好处。在所有利益中，经济利益具有基础地位。人们在劳动、生活中，必须有利益保障，必须有物质利益的支持，政治利益的保障，精神利益的导向。同样，任何一个合法的组织，在遵循法律的前提下，都有自己的合法权益，并追求和实现自己的利益最大化。

利益关系是指不同利益主体之间的社会关系，也就是围绕着利益的占有所发生的人与人之间的关系，其核心是物质利益。它表现为个人与个人之间的利益关系、个人利益与群体利益的关系以及个人利益、集体利益和社会利益之间的关系等。

人生的利益是在社会关系中实现的，事实上，社会生活中每个人的利益的实现都离不开他人，利己与利他是统一的。把个人利益和他人利益割裂的观点是不正确的。一个人要想得到发展，就要为他人和社会做贡献、谋福利。

（二）人的本质是社会的人

个人利益的实现以及利己利他关系的处理，都是以个人和社会的关系为基础的。人不仅是自然的人，更是社会的人，是自然属性与社会属性的统一。

人的自然属性是人生存发展的生理基础。人的自然属性是指人的生理结构、生理机能和生理需求等，它主要表现为以人的生理结构为物质前提的生理活动，是人类得以生存和延续的前提条件。人的生存和发展，总要受到自然规律的制约。

人的社会属性是指人在社会生活方面的特点。主要表现在：第一，人是社会的产物。第二，人的生产劳动具有社会性。从事生产的人只能是处在一定社会关系中的社会的人。第三，人的生活具有社会性。人们的物质生活和精神生活的多种需求，必须依赖于社会。社会属性是人的本质属性。

人是自然进化的结果，更是社会劳动的产物。人是自然存在物，具有自然属性，人更是社会的存在物，具有社会属性。但是，人的自然属性不同于动物的自然属性，人的自然属性不是纯粹的生物本能，而是打上了社会关系烙印的自然属性。社会性是人的本质属性，是人类特有的属性，它揭示了人区别于动物的特殊本质。

一般来说，我们每个人都生活在一定的家庭里，都有自己的家乡、亲人、同学、朋友、同事，都从事一定的职业活动。在社会生活中，人们的活动必然要受到国家的经济、政治、法律、文化的影响和制约。在这些关系的影响下，一个自然人发展成为掌握一定文化、参与一定社会生活、扮演多种角色的社会的人。因此，考察人及人的本质绝不能脱离人的社会性。离开了人的社会联系，就没有人的存在，就没有现实的、具体的人。

人不能脱离自然界和人类社会孤立地存在。人只能在社会中生存，任何人都不能孤立地生活在世界上，个人只有在与他人的结合中才能保证自己的存在，只有在与他人结成的各种关系中，才能证明自己的存在。人也只能在社会中才能发展。动物的行为都是生物遗传的结果，而人的行为则主要是社会遗传的结果。人的发展是在生产实践、交往活动和社会关系中实现的。

个人与社会之间是辩证统一的关系。一方面，个人是社会中的人，个人的生存和发展离不开社会；另一方面，社会是由个人组成的，任何社会的存在和发展都是每个人及其集体努力的结果。但是，个人与社会相比较，社会起着根本的、决定的作用。社会不是居于个人之上、个人之外的。社会是现实的个人之间的一种关系体系。社会

是随着人的出现而产生的，没有个人就没有社会，社会的存在和发展是所有个人活动所形成的“合力”的结果，个人活动的总和推动着社会整体运动及其发展。

个人与社会的关系，归根到底是个人利益与社会整体利益的关系。个人与社会都有生存和发展的需要，个人生存和发展的需要体现在社会关系中就是个人利益，社会生存和发展的需要体现在社会关系中就是社会整体利益。在社会主义社会，个人利益与社会整体利益在根本上是一致的，个人利益的满足离不开社会利益的实现，社会利益也不能脱离个人利益的需要而独立存在。

（三）在服务社会关爱他人中实现利己与利他的统一

人生活在社会中，经常会遇到一些利益关系问题。人生发展要实现个人利益，必须要正确处理利己与利他的关系。利己与利他是人生中经常遇到的一对矛盾。它们既是对立的，表现为有的时候坚持“利己”就不能“利他”，或者相反；它们又是统一的，有的情况下，“利己”的同时，也可以“利他”。

所谓利己，是指人们在一定范围内，维护自己的利益，其行为叫作利己行为。所谓利他，是指人们在一定界限内维护他人的利益，其行为叫作利他行为。处理好利己与利他的关系，是人生的一个重要问题。

利己和利他关系的层次性表现在：有大公无私，这里的无私并不是不要个人利益，而是反对利己主义、自私自利，反对损人利己、损公肥私，要求人们公正无邪：有先人后己与先公后私，即先考虑公家之利和他人之利，并坚持自利利人、利己利公的一致的行为选择；有先己后人、先私后公，这是比较低层次的选择；有损人利己与损公肥私，这是一种不道德的选择，并为古今所共谴。

每个人都是社会中的人，个人的生存与发展都离不开他人与社会，他人与社会是实现利己的重要手段，要获得人与社会的全面发展，就要坚持利己与利他的统一。

第一，关爱他人，服务社会。作为社会的人，仅仅维护自己的正当利益是不够的，还要发扬助人为乐的精神，热情地关心、帮助他人，积极地服务社会，这不只是个人应尽的社会责任，也是个人自身发展所必需的。作为中职生，必须要正确认识个人与社会的关系，正确处理利己与利他的关系，在关爱他人、服务社会的过程中实现自我的发展。

要坚持“我为人人，人人为我”的处世原则。“我为人人，人人为我”集中体现了人的社会本质，也反映了个人的存在、发展既需要个人的努力，又需要他人的帮助和支持。实际上，在社会生活中，每个人每时每刻都在享受着别人的劳动成果，即“人人为我”。而“我”作为社会的一分子，也应该努力为别人、为社会贡献力量，即“我为人人”。在一定意义上，社会是一个庞大的服务站，个人既是服务者，又是服务的对象。个人在为社会、他人服务的同时，也在为自我服务。因此，首先应强调“我为人人”，大家都为社会、为他人服务和做贡献，个人才能获得自身发展所需的社会环境和条件，社会就进步了，社会就和谐了。

第二，维护个人的正当利益。个人追求和维护正当利益应予以支持和提倡，个人对自身利益的正当追求，是人的生命得以延续的基本保证，也是人们从事一切活动的基本动力。正是人们对美好目标的不断追求，才推动着社会的发展、人类的进步。同时，当个人的利益得到保障和满足时，也就为个人更好地利他提供了坚实的基础。

个人正当利益是指人们在生活和工作中，通过诚实劳动或合法经营的途径和方式，所谋求的用以满足个人正常生活和有效工作的物质和精神需要的应得利益。不能将个人的正当利益等同于自私，自私的本质是损人利己，如果是争取合理的、正当的个人利益，非但不是自私，还要受法律保护。

第三，反对损人利己。个人争取自己的利益，不得以侵占、损害他人的正当利益为手段。如果无视和损害他人利益、社会利益，只顾追求个人利益，虽然会一时达到利己的目的，但也会使人在社会交往中失去信任，最终损人又害己。

二、正确处理公与私、义与利的关系

（一）人生发展不能只顾个人利益

人在社会活动中会遇到义与利的考验。义与利的关系主要包括两个层面：一是物质追求和精神追求的关系，二是个人私利和社会公利的关系。人生发展过程中，还会遇到公与私的冲突，即集体利益与个人利益之间的冲突。面对义与利、公与私的矛盾时，问题的关键在于以什么态度对待，以什么原则来解决冲突。

知识拓展

义利问题，就是道义和利益的关系问题。所谓“义”，是指道德准则或道义要求，亦指道义所要维护的公共利益。与“义”相对应的“利”，一般是指物质利益或物质功利，其中包括公利和私利，但在更多的情况下主要是指私利。义利问题既涉及道德与物质利益的关系问题，又涉及公利和私利的关系问题。

“利”促成了人与人、人与社会、人与自然的种种关系，推动着人类社会朝着利益追求的方向不断发展。每个人所处的环境、经济基础、科学文化水平、思想道德水平及政治觉悟不一样，其“利”也各有不同。在社会主义市场经济条件下，只要能遵纪守法、诚实劳动、合法经营，只要没有损害国家、社会、集体及他人的利益，都应当支持和鼓励。

在实际生活中，我们要正确对待公与私、义与利的关系。一方面，要正视个人的合法利益，满足个人正当合理的要求，调动每个人的积极性；另一方面，在公与私利益关系发生矛盾的时候，要处理好个人和集体的关系，不能只顾个人利益，要树立正确的义利观，将国家利益、人民利益作为价值选择的出发点。

在实际生活当中，片面地强调“义”或“利”和片面地强调“公”或“私”都是错误的。要处理好义利和公私之间的关系，首先就需要了解个人和集体之间的关系。

（二）个人与集体的关系

个人是组成集体的细胞，集体的存在和发展离不开每个成员的努力；集体则是个人生存的依靠，是个人成长的园地，个人的生活、学习和工作都离不开集体。两者之间是相互依存、相互作用的。

一方面，个人依赖于集体。集体是个人生存和发展的依靠。作为社会的人，以不同的方式和在不同的程度上依赖社会所提供的物质生活和精神生活的条件而生存；都要自觉或不自觉地从集体中汲取智慧和力量以求自身的发展。一旦脱离社会，游离于集体之外，个人就无法生存，更谈不上发展。

另一方面，集体也离不开个人。集体的发展离不开每个成员的共同努力，个人作用的发挥是集体力量发挥的前提，一个积极向上的集体需要每一个成员的共同维护，离开了成员的努力，就谈不上集体的存在和发展。

“我＋我们＝完整的我（I＋WE＝Fully I）”，这是美国著名心理学家英格列出的公式，意思是说，个人只有把自己融入集体中，才能最大限度地实现个人价值，绽放出完美的人生。

集体和个人是相互依存的，集体存在和发展了，个人利益才有可能实现。集体利益得不到巩固，就没有个人利益可言。集体是个人发展的空间，是实现人生价值的舞台；只有集体利益得到巩固，才有个人利益可言。

知识拓展

第一，强调集体利益与个人利益根本上是统一的，两者相辅相成、辩证发展。

第二，在集体利益与个人利益发生矛盾的情况下，个人要顾全大局，要把集体利益放在首位，必要时为了集体利益、他人利益而放弃个人利益。

第三，强调集体利益高于个人利益的同时，强调集体必须尽力保障个人正当利益得到满足，促进个人价值的实现，并力求使个人的个性得到自由全面的发展。

社会主义集体主义原则是建立在对人的本质正确认识和把握的基础上的，它实际上是对个人利益与集体利益相互依存、相互促进关系的反映，也成为处理公与私之间关系的基本准则。

（三）树立正确的义利观

哲理故事

清末，戊戌变法失败后，康有为、梁启超逃往日本。谭嗣同是“有心杀贼，动天”。他坚信“不有行者，无以图将来；不有死者，无以酬圣主”泰然赴死，留下“我自横刀向天笑，去留肝胆两昆仑”的名句。谭嗣同在能够出走的情况下没有出走，而是选择了身取义，准备用他的鲜血来唤醒沉睡的国人。真正是做到了“我以我血荐轩辕”！谭嗣同的死，对后世的影响及长久深远，绝对如他自己所说，是死得其所！这也是大义，不是一般人的大义，也更值得人们尊重和景仰。

坚持义利统一的原则，摆正各种义利关系。我国是社会主义国家，国家、集体、个人利益根本上是一致的，义利统一成为必然的趋势和方向。但义利之间，国家、集体、个人之间也会有矛盾和对立，因此要正确处理个人、集体与社会三者之间的利益关系。要兼顾个人、集体的利益，坚持以人为本，调动个人、集体的积极性；同时又要坚持集体主义的基本原则，顾全大局，反对本位主义、小团体主义和极端个人主义，以广大人民的根本利益为出发点，把国家利益放在首位，把个人利益、集体利益与国家利益统一起来。

个人主义把个人与社会对立起来，一切从个人需要和个人幸福出发，反对统一的社会价值标准。个人主义发展到极端，就会为了个人利益而不择手段地损害社会和他人利益。

集体主义原则主张集体利益高于个人利益，提倡在个人利益与集体利益发生矛盾时，个人利益要服从集体利益；必要时为了集体利益而放弃个人利益，甚至为捍卫集体利益而献身。

要正确对待公与私的关系。社会与个人的关系，从某种意义上讲，就是公与私的关系。所谓的公，就是社会或社会利益；所谓的私，就是个人或个人利益。公与私是对立统一的。其对立表现在，它反映了不同利益对象及其要求。其统一表现在，对全局而言为私的利益，在一个局部就是公共利益；对局部而言为公的利益，在全局就是为私的利益。个人的私利在任何社会都要受到限制，它的平衡需要依靠制度、法律和道德，这是维护社会共同利益的客观需要。在实际生活中，我们要提倡坚持集体主义原则，反对损公肥私，反对把个人利益凌驾于集体利益之上。

要正确对待义与利的关系。义与利具有统一性，二者可以统一在公共利益上，公共利益既是利益追求，又是道德目的，在这里利益和道德得到统一。义与利又有对立的一面，有的时候、有的情况下，义与利不能同时兼得。但是义和利并不是针锋相对、水火不容的。在实际生活中，具体情况虽然比较复杂，但只要分清公利和私利，权衡大利和小利，就不难找到道德把握的界限。

明确义与利的标准。唯物史观认为，顺应历史发展潮流，符合大多数人的利益，有利于社会发展和进步的思想和行为，就是义，否则就是不义。利有正当的利和不正当的利，通过正当途径和合法手段获得的个人利益，就是正当的利，正当的利就应该努力争取。

坚持义利统一，就要鼓励人们在不损害国家、社会和他人利益的前提下，通过正当途径和合法手段去追求自己的物质利益。反对拜金主义、见利忘义。也要避免只讲义，不讲利。

拜金主义是一种金钱至上的思想道德观念，认为金钱不仅万能，而且是衡量一切行为的标准。它会导致人与人之间损人利己、钩心斗角、尔虞我诈，不顾国家、集体、他人的利益，最终道德沦丧、物欲横流，危害国家、最终危害自己。

义与利的辩证关系，要求我们坚持义利统一的原则，应当见利思义，以义制欲，以义导利，营造义重于利、见义勇为的优良社会风尚。

第二节　人生价值与劳动奉献

人生价值的问题十分重要，每个人都希望自己的人生是有意义、有价值的。十九大报告指出：解决好世界观、人生观、价值观这个“总开关”问题，自觉做共产主义远大理想和中国特色社会主义共同理想的坚定信仰者和忠实实践者。

中国特色社会主义进入了新时代。近代以来久经磨难的中华民族迎来了从站起来、富起来到强起来的伟大飞跃，迎来了实现中华民族伟大复兴的光明前景。历史赋予当代中国青年要做“担当民族复兴大任的时代新人”的光荣使命，每个年轻人的劳动奉献与人生价值的创造，都是与这个社会发展的新时代紧密相关的。当代青年只有把自己融入新时代中国特色社会主义的建设当中，把自己的命运和民族的命运、祖国的命运紧密相连，才能使自己的人生价值得以实现。

一、人生价值贵在奉献

（一）人生价值不在自己获得多少

在生活中，不同的东西具有不同的价值。价值是个关系概念，物的价值在于能满足人的某种需要，那么人呢？如何衡量人的价值？这是我们经常探讨的话题。是不是谁索取越多，得到的越多，谁的人生价值就越大？

价值是指事物能够满足人的某种需要的有用性的关系。价值本质上是一种“关系”范畴，就是事物以它自身的属性和功能对人的一种满足“关系”。如衣服、粮食、房子、车辆等物质产品能满足人们衣、食、住、行等方面的需要，音乐、电影、图书等精神产品能满足人们精神生活的需要，它们具有各自的属性。事物能够满足人的需要，它就有价值；满足的程度大，它的价值就大；满足的程度小，它的价值就小；不能满足，甚至对人有害，它就没有价值。

如何衡量人的价值？人的价值不在于你活了多久，获得多少，而在于你为社会做了多少贡献。人们生存的社会物质生活条件、社会地位以及体力、智力、思想道德素质等主客观条件不同，所创造的价值的表现形态、数量的多寡和质量的高低都不尽相同。谁对社会的贡献多，谁实现的人生价值就大。

（二）人的价值是社会价值和自我价值的统一

马克思说："在选择职业时，我们应该遵循的主要指针是人类的幸福和我们自身的完美。不应认为，这两种利益是敌对的、互相冲突的。"

人的价值和物的价值不同，最大的区别就在于物的价值是由人创造赋予的，物的价值不能自我实现。而人的价值是人自己创造的，人是一切价值的创造者，人具有一种任何事物都不具有的价值，就是创造价值的价值。人生的意义就在于创造价值，在创造价值的过程中实现自身的价值。

人的价值具有以下特征：首先，人的价值在于劳动和创造。人和物不同，人具有自我意识，在能动的创造性劳动中，创造着自己的生活，改变自身和改变世界，满足生存和发展的需要。其次，每个人既是消费者，又是创造者。从本质上说，每个人都是一定价值的消费者、享受者，而后才是物质财富和精神财富的创造者。最后，人的价值具有社会性。人的一切活动都具有社会性，人的价值也总是通过社会途径来实现的，人创造价值的活动只有在符合社会发展规律、适应社会需要的情况下，才有实现的可能。

一般来说，人的价值包括两个方面：一是个人对社会的责任和贡献，二是社会对个人的尊重和对其需要的满足。前者体现了个人行为对社会和他人的意义，称为人的社会价值；后者体现了社会对个体存在和个体对自身存在的意义，称为人的自我价值。

自我价值表现为对自身物质和精神需要的满足程度，是社会对个人、自己对自己作为人的存在的一种肯定关系。由于人的需要是多方面的，自我价值的表现也是多方面的，如个人对基本生存条件的获得，对自我社会身份的确认和尊重，以及在知识、道德和人格等方面的自我完善等。自我价值的实现，是人所共有的追求，也是个体进步的表现。在不同的社会形态中，自我价值的实现结果完全不同。

知识拓展

人的自我价值一般来讲体现在以下三个方面：首先是个体对自己生命存在的肯定。因为人的生命是没有任何东西可以代替的，所以生命的存在是一切价值产生的基础和前提。其次，人的自我肯定的更高层次是自尊、自爱、自强等需要的满足。人人都需要社会和他人的尊重，从而使自己活得有价值、有尊严。最后，人的自我价值的最高表现是自我完善和自我实现。这是人超越现实的力量的充分体现。只有在不断的创造活动中，在不断超越自我的过程中，人才能真正感觉到自己存在的意义，感觉到自己的尊严和价值，即对社会需求的满足和对社会进步的促进。这种价值主要体现在个人通过劳动、创造对他人和社会所做的贡献中。

社会价值表现为个人通过自己的实践活动为满足社会或他人物质的、精神的需要所做出的贡献和承担的责任。人的社会价值的大小，取决于个人对社会所做贡献的多少。

人的社会价值和自我价值是辩证统一的。

首先，二者相互联系、密不可分。一方面，社会中的每个成员，都应为社会创造财富，实现个人的社会价值；另一方面，社会则根据每个人对社会的贡献程度，对个人需要给予相应的满足，从而实现人的自我价值。

有人曾经问某位诺贝尔奖获得者，你有没有想到能获得诺贝尔奖？他不假思索地说："从未想到过。"获奖当天，他正在做学术报告，新闻里播出了他获奖的消息。做完报告后，人们纷纷上前向他表示祝贺，这时的他还以为是报告做得好的缘故呢！可见，一个有成就的科学家，他最初的动力并不是想要拿什么奖，或者得到什么名和利。他们之所以锲而不舍地去追求和奋斗，是出于推进人类认识自然的责任，出于对未知领域进行探索的强烈兴趣和热爱。

其次，社会价值是人的根本价值，是自我价值实现的基础。没有社会价值，人生的自我价值就无法存在。人总是生活在社会当中，个体无法脱离社会而存在和发展。个体的人生活动不仅要满足自我的需要，还必须满足社会的需要。一个人的需要能不能从社会中得到满足，在多大程度上得到满足，取决于对社会和他人的贡献，即人的社会价值。

（三）社会贡献是衡量人生价值大小的尺度

人的价值是在活动尤其是劳动中得以实现和评价的。评价人生价值的大小是有客观标准的。一个人的人生价值不是看他从社会、他人那里得到了什么，而是看他为社会、为他人尽到了什么责任，做出了什么贡献。因为个人对社会的责任和贡献是社会存在和发展的要求，是衡量一个人有没有价值或价值大小的基本标志，个人是通过对社会的奉献来体现自己人生意义的。

知识拓展

人生价值的评价，除了要掌握科学的标准外，还需要掌握恰当的评价方法，做到以下"四个坚持"。

第一，坚持能力有大小与贡献须尽力相统一。每个人的职业不同，能力大小不同，对社会贡献的绝对量不同，不能简单地认为能力大的人就实现了人生价值，能力小的人就没有实现人生价值。

第二，坚持物质贡献与精神贡献相统一。评价人的价值，不仅要看个人对社会做出的物质贡献，也要看其对社会做出的精神贡献。

第三，坚持完善自身与贡献社会相统一。人生的社会价值是实现人生自我价值的基础，评价人生价值的大小应看一个人的人生活动对社会所做的贡献。但这并不意味着否定人生的自我价值。

第四，坚持动机与效果相统一。在人生价值的评价中，既要看动机又要看效果，联系动机看效果，透过效果察动机。

个人对社会的贡献是多方面的，但归根到底是物质贡献和精神贡献两个方面。衡量一个人的价值，既要看他在物质方面的贡献，又要看他在精神方面的贡献，如思想道德、文化教育、科学精神等方面对社会的贡献。人们对社会的物质贡献和精神贡献，有的表现为重大的发明创造，有的表现为惊人的英雄壮举，而大量的则表现为平凡工作中的默默奉献。

要正确看待奉献和索取的关系。奉献是个人对社会的责任和贡献，索取是个人从社会的索要和获取。人是价值的创造者，也是价值的享用者。人的价值是社会价值和自我价值的统一，是创造、奉献与索取、享用的统一。奉献推动了社会发展，为个人正当的索取打下了基础；正当的索取又会激发起个人更大的积极性和创造性，为社会做出更大的贡献，二者不可分割地联系在一起。

人生的真正价值在于奉献。人的社会价值与自我价值相比较，人的社会价值是主要的、根本的。人对社会的贡献越大，他的价值就越高，人生价值与对社会的贡献成正比。作为青年人，要积极投身到各种社会实践中去，在平凡的岗位上努力工作，贡献自己的才能和力量，从而实现自己的人生价值。

二、在劳动奉献中实现人生价值

（一）人生没有不劳而获

现实生活中，有很多人都想不劳而获，有人想出各种招数骗取钱财，有人傍富、啃老，甚至还出现了“乞丐富翁”。《国际歌》中写道：“是谁创造了人类幸福？是我们劳动群众。一切归劳动者所有，哪能容得寄生虫。”像寄生虫一样生活的人，活得有价值吗？我们如何实现自己的人生价值呢？

俗话说：一分耕耘，一分收获。凡事必须付出才有收获，人生没有不劳而获。实现人的价值，要靠艰苦努力，任何贪图享乐、害怕吃苦、不愿付出劳动的人，都不可能真正实现自己的价值。

（二）劳动是社会财富的源泉

劳动是人类的本质活动，把人与其他动物从根本上区别开来。人通过劳动改变自然，创造属于自己的物质生活条件。劳动是体现人的本质力量、提升主体能力的活动。劳动是人类有目的的、创造性的活动，正是这种活动，才把人从自然界中分离出来又把二者统一起来。劳动体现了人的一般本质，同时不断提升着人的各方面能力。

享誉世界的“杂交水稻之父”袁隆平，20 世纪 60 年代初，在带领学生下农村生产实习时，目睹了农村粮食短缺、群众生活困难的状况，决心从农作物品种改良入手，探索科技兴农之路，与饥饿和灾荒做斗争。50 多年来，他克服了种种困难，勤恳劳动、锐意进取，所取得的科研成果使我国杂交水稻研究及应用领域领先世界水平，不仅解决了中国粮食自给难题，也为世界粮食安全做出了杰出贡献。

劳动是人类最基本和最重要的社会实践，是人类社会生存和发展的根本前提。人类社会是人类实践活动的产物，劳动创造了人与人类社会。人类不是从来就有的，劳动在从猿到人的进化过程中起着决定性作用，劳动是人区别于其他动物的根本条件。劳动使人类从自然界中分化出来，开始了人类社会自身运动和发展的历史。离开劳动，社会的存在、发展和进步将成为无源之水、无本之木。

劳动创造了人和人类社会。首先，人类的劳动是从古猿的动物式的本能活动过渡而来的。古猿在直立行走的基础上，运用天然工具，从前肢的本能式劳动，使猿手变成了人手。制造生产工具是人类劳动的标志，也是人类告别古猿的标志。其次，劳动促进了语言和意识的产生。在劳动和语言的推动下，猿脑变成了人脑，开始有了抽象思维能力，有了越来越清楚的意识，人的意识也就产生了。最后，劳动产生了人的社会关系，使猿群变成了人类社会，开始了人类的社会生活。

劳动是创造社会财富的活动。社会的物质财富和精神财富来源于全体社会成员辛勤劳动的积累。人类的劳动是人类在自身智能支配下，通过各种手段和方式创造社会财富以满足人类日益增长的物质、精神等方面需要的有目的的活动。有益的劳动，不仅具有创造物质财富的功用，而且它还能够创造精神价值，锻造人心纯正和行为正义。劳动是人生的根基，是美的源泉。在社会主义社会，劳动是创造人类美好生活、促进人的全面自由发展的重要手段。

哲理故事

平凡岗位，也能创造不平凡的业绩。2021 年度“全国五一劳动奖章”获得者——吴天一，一个一生都坐在马背上行走的医者，至今依旧坚守岗位。

在抗美援朝的时候，吴天一就已经入伍分配到中国医科大学学习。到 1957 年的时候，吴天一曾跟抗美援朝军队工作。回国后，又立即被分配到青藏工作。在青藏，他亲眼见过战友因为高原反应而去世。从那以后，他便坚守在青藏高原整整 60 年，从未离开过一刻。为研究出高原低氧适应特征，吴天一在这些年里，走过青海、西藏、四川甘孜等多地。他用整理出的资料，研究出治疗和预防方案，为此救过上万名牧民。坐在马背上的他，行走在宽阔的草原上，完成一生最为显著的研究。到 2001 年的时候，吴天一被入选为中国工程院院士。那一年，青藏准备建造连接四川等地的铁路。但到青藏去修铁路，首先面临的就是身体反应。吴天一拿出多年来的研究成果，抗缺氧药物给到铁路修建者们。在他的指导和参与下，14 万人的铁路大军，没有一人因为高原反应而死亡。什么是医德，对于吴天一来说，就是要为群众减轻痛苦。87 岁还行走在高原之间的他，值得这个时代去记住。

人生价值的实现是个人在劳动实践活动中施展自己能力的过程。人只有在劳动中，在奉献社会的劳动实践活动中，才能自由地彰显和发挥自己的智力和体力、意志和情感，才能创造和实现自己的价值。一个人在劳动中创造的财富越多，意味着他为满足社会和人民需要所做出的贡献就越大，他自身的价值就越大，他的幸福感也就越强。中职生要积极投身为人民服务的实践，这是实现人生价值的必由之路，也是拥有幸福人生的根本途径。

（三）诚实劳动，创造人生价值

哲理故事

"'看似寻常最奇崛，成如容易却艰辛。'青年的人生之路很长，前进途中，有平川也有高山，有缓流也有险滩，有丽日也有风雨，有喜悦也有哀伤。心中有阳光，脚下有力量，为了理想能坚持、不懈怠，才能创造无愧于时代的人生。"这是习近平总书记在2016年4月26日于安徽合肥召开的知识分子、劳动模范、青年代表座谈会上的讲话。

别人的童年是光鲜亮丽、无忧无力的，范丽锋的童年却艰苦沉重。由于家庭条件不好，范丽锋周末既要帮家里砍柴、拔猪草、放牛，寒暑假还要给别人种豆子、割稻谷，为砖厂砍柴火，以此赚取学费，十二三岁的范丽锋已经能挑100多斤的稻谷。童年的经历和家庭的艰苦让范丽锋比童年人早熟、懂事，他认识到只有学习一门技术、早日工作赚钱才能挑起家庭的重任。

初三时，范丽锋不顾父母反对，借了400元去遂昌职业中等专业学校学习机电专业，这样可以早点挣钱养家。

中职学习很快结束了，2000年毕业后身体瘦弱的范丽锋入职宁波镇海石化建安工程有限公司，并在这里参加培训。在这里他永不服输的劲头和刻苦努力的精神得到了公司的认同，顺利通过试用期。在这里，他的人生轨迹开始改变。

别人学一遍，他就学十遍；别人练一小时，他就练两三个小时；师傅操作时，他就在一旁仔细观察；别人下班后休息、娱乐；他下班后在宿舍里锻炼平举，两臂上各吊一块砖来锻炼自己的臂力……抓住一切机会学习。

由于他的勤奋好学，工作中认真努力，善于观察，他把焊接理论与改进工艺结合起来，独立或参与完成了10多项新材料、新结构的焊接工艺应用开发；工作之余，他自学弥补理论知识，在2014年完成宁波大学过程装备与控制过程本科学业。

经过多年的坚持、努力，不断地实现自我、超越自我，范丽锋先后荣获了全国五一劳动奖章、全国优秀农民工、浙江省首席技师等荣誉。

习近平总书记曾勉励广大青年："'人才有高下，知物由学。'梦想从学习开始，事业靠本领成就。"范丽锋的成功正是靠本领成就的。一个时代的精神是青年人的精神，一个时代的性格是青年人的性格，大多数青年人的精神面貌就是

这个时代的精神面貌，多数青年人的性格就是这个时代的性格。

劳动光荣，因为劳动指引着幸福之路；劳动伟大，因为劳动开启了财富之源。没有劳动，就没有今天人类的进步；没有劳动，就没有人类社会的发展。要尊重和保护一切有益于人民和社会的劳动。辛勤劳动没有贵贱之分，不论是体力劳动还是脑力劳动，不论是简单劳动还是复杂劳动，一切为我国社会主义现代化建设做出贡献的劳动，都是光荣的，都应该得到承认和尊重。

诚实劳动应受到尊重。人的能力有大小，贡献和分工也不同，但是，一个人只要尽其所能，诚实劳动，就能成为一个有价值的人，一个受到社会尊重的人。诚实劳动，就是要自觉守法，不搞歪门邪道；热爱本职岗位，不见异思迁；踏实肯干，不虚荣浮躁；锐意创新，不故步自封。我们要热爱劳动，以诚实劳动为荣，以好逸恶劳为耻。

劳动和奉献是实现人生价值的必由之路，也是拥有幸福人生的必经途径。人生价值的实现，是在社会实践中积极能动的劳动创造过程。所以，只有诚实劳动才能不断创造物质财富和精神财富，才能更多地奉献社会，才能更好地体现自己的人生价值。十九大报告指出："建设知识型、技能型、创新型劳动者大军，弘扬劳模精神和工匠精神，营造劳动光荣的社会风尚和精益求精的敬业风气。"建设和培养新型劳动者大军，对于加快发展我国的先进制造业，加快建设制造强国，推动实现"两个一百年"奋斗目标、实现中华民族伟大复兴中国梦是极其重要的。因此，不论我们以后在哪个工作岗位上，都要秉承劳动奉献的精神，脚踏实地、不断创新，用自己的双手来创造自己的人生价值，为实现中华民族伟大复兴的中国梦而不断做出新贡献。

第三节　全面发展与个性自由

在世界著名企业——海尔集团。你会看见这样一个标牌："日事日毕，日清日高。"海尔的所有人都以此作为目标。那 76 台砸掉的冰箱，在每个海尔人的心中刻下了一道深深的永远不能磨灭的伤痕，"它"时刻都提醒他们，要有强烈的责任心，做好每件小事、每个细节。就这样，海尔终于在中国市场上拿下了第一块金牌。海尔在中国成名了，而海尔人没有丝毫的松懈，他们想让海尔成为世界最好的。在张瑞敏的带领下，海尔人建起了海尔工业园。由于资金流动较大，风险也比较大。对此，海尔人没有半点畏惧、退缩，反而更加坚持一定要做到。海尔人坚持认为：机会不是等来的，而要在风险中抓住机会，要敢于挑战，敢于面对。

其实海尔人能做到的，我们也能做到，就看你如何对待每一件事，如何通过做好每一件事自觉提高自己的素质，在不断的进取中发展自己，使自身的主体力量得到充分发挥，使自己成为全面发展的人。

一、人的全面而自由的发展是社会进步的最高目标

人的全面发展和自由发展是互为前提的、互相促进的。人的全面发展是指人的各方面发展条件在相互促进中实现和谐的整体的发展，是克服了发展的片面性，全面而健康的发展，它强调的是人的丰富性和完整性，人的自由发展是指人对束缚和限制的摆脱和超越，它强调的是人的独立性和自主性。只有不断促进人的全面发展，才能更好地保持人的独立性和自主性。只有个人普遍得到全面发展，人类才能真正在自然界与人类社会中获得自由，成为自由发展的人。

知识拓展

为了推动人的全面而自由的发展，我们党和政府在制定教育方针时强调要把学生培养成为德智体美劳全面发展的社会主义事业建设者和接班人。另外还需明确，只有充分具备自由发展的条件，才可能实现个人的全面发展。从理论上讲，一个自由受限制的人，谈不上全面发展。人的全面发展离不开自由，自由是人的全面发展的前提。同时，一个片面发展的畸形人也谈不上真正的自由。

社会进步与人的全面自由发展是相互促进的辩证关系。实现人的全面、自由发展是社会主义和共产主义的根本价值目标，社会主义不但要提高物质生产力，还要创造条件促进人的全面自由的发展。在我国社会主义初级阶段，人的全面发展主要是指人的素质和能力的相对全面的提高。现阶段，我们需要立足于我国社会主义初级阶段的现实，通过全面建设小康社会和社会主义现代化，为共产主义社会的实现创造前提和条件。为此我们应当牢固树立中国特色社会主义的坚定信念和共产主义的远大理想。

知识拓展

人的全面自由的发展作为崇高的社会理想，需要社会生产力的高度发达和物质财富、精神财富的极大丰富，只有在共产主义的高级阶段才能实现。这是一个在社会形态的演讲过程中，从束缚人的经济、社会关系中逐步解放出来的历史过程。这一过程的现实起点就在当代的历史运动中，而不是远离现实的空中楼阁。

我们今天处在社会主义初级阶段，经济、社会发展条件还达不到每个社会成员都能实现全面自由发展，但必须坚持人的全面而自由发展的指导思想，以它作为教育人、培养人的目标。在全国人民中进行有理想、有道德、有文化、有纪律的教育，坚持以人为本的科学发展观等，都是在社会发展中推动人的全面自由发展的指导性要求。

在现有社会条件下积极推动人的全面、自由发展。人的全面、自由发展需要一系列的社会条件，这包括生产力的高度发展、世界性的普遍交往、资本主义私有制的废除和人们共产主义精神境界的形成等。

二、人的全面发展

人的全面发展是社会发展和进步的客观要求。人的发展，是在对立、变化、统一的相互作用过程中，优化人自身的素质构成以及与相关事物之间关系的结构，提高适应环境、认识事物、改变事物、控制事物、创造事物的能力，提高自身的价值与精神境界。每个人的发展，都以社会历史发展为基础，以为他人和社会的发展创造与提供了多少贡献这一客观实际为标志，而不是以拥有的权力、占有的财富、获得的荣誉为标志，从而在实践上实现自身与他人、个人与集体的互助合作、互利互惠、互促互补、和谐发展。

人的全面发展是指人的各方面发展条件在相互促进中实现和谐的整体的发展，是克服了发展的片面性，全面而健康地发展。

知识拓展

青少年现在正处于学习科学知识的阶段，这时候的和谐发展就是要求我们理顺学习知识和娱乐爱好的关系。在学习中获得增长知识、提高能力的快乐；在娱乐爱好中学习课本中没有的知识，而且适当的娱乐活动还能提高我们学习的效率。青少年的和谐发展不能忽视娱乐和业余爱好之间的关系，也就是要针对青少年现阶段的认识方式和接受能力，寓教于乐，达到事半功倍的效果。其次，人的全面发展要注重整体的发展。青少年在学习的过程中经常会出现德、智、体、美、劳无法同时发展的情况。特别是在现今的教育体制下，对于智力学习的突出强调使得青少年德育、体育、美育和劳动能力的培养全面滞后。这就使得青少年出现“眼高手低”“高分低能”的情况。所以人的全面发展一定要重视整体发展，也就是克服片面性的发展。再次，人的全面发展要注重健康的发展。青少年的德、智、体、美、劳哪个方面我们都要强调健康发展。青少年要培养健康的心态，良好的道德感；学习有用的科学知识；积极参加体育锻炼，使自己有一个健康的体魄；培养健康的审美观等。

人的全面发展需要个人的努力。在道德方面，我们应当努力为社会做贡献，帮助他人，关爱他人；在学习科学知识方面，我们应当努力学习书本知识，因为那是人类智慧的结晶；在体育方面，我们应当努力进行体育锻炼，只有这样，才能有一个健康的体魄，为将来为社会做贡献打下基础；在审美方面，我们可以通过阅读名著、欣赏音乐、观看电影、学习绘画等来努力培养自己的审美观；在实践方面，我们应当努力在劳动实践中提高自己的动手能力，弥补自身知识的不足，对在课堂上学习的知识有一个直观的认识。

哲理故事

阳虎离开齐国逃奔赵地，赵简子问道："我听说你善于栽培人。"阳虎说："我在鲁国时，栽培过三个人，都做了令尹。等到我在鲁国获罪，都来搜捕我。我在齐国时，推荐了三个人，一个人能接近国君，一个人做了县令，一个人做边防官。等到我获罪了，接近国君的人不会见我；做县令的前来捉拿捆绑我；做边防官地追我直到边境，没有追上才罢休。我不善于栽培人。"赵简子低头笑着说："种植橘柚，吃起来是甜的，闻起来是香的；种植枳棘，长大后反而刺人。所以君子栽培人时要慎重。"

这个故事告诉我们，培养人才时要注重"德"的培养。

人的全面发展需要相应的社会条件。在家庭中，我们需要家长的关爱和教育。家长的关爱和呵护给我们的全面发展提供了物质条件；在学校中，我们需要老师的教育和指导，老师的教育和指导为我们的全面发展提供了精神条件；在社会中，我们需要法律的保障，我们的法律规定了未成年人具有接受九年义务教育的权利等保障未成年人权利的条款，这为我们的全面发展提供了法律保障。所以，人的全面发展是个人努力和社会条件共同起作用的结果，两方面都不可缺失。

知识拓展

在推动人的全面发展中，在充分利用现有社会条件的基础上，还必须具有个性完善的主观条件，具体要在三个方面不断地加强：一是提高道德素质。一个人道德高尚，具有崇高的理想和精神境界，就会自觉地不断完善自我，努力实现自身的全面发展；而一个追求低级趣味的人，道德水准低，很容易在人生道路上出现偏差。二是提高科学文化素质。科学文化素质较高的人，对人的本质的理解会更加深刻；而文化素质低的人，就很难理解和把握人的全面自由发展的实质，从而出现一定程度的失误。三是提高意志品质。意志能够发动或抑制某种欲望、动机、情感，调动信念和理想的力量，为实现确定的目标做出积极的努力，促进人的全面发展。同时还要运用正确的人生观、价值观指导人的全面而自由的发展。

三、人的个性自由

个性自由是指个人的能力和潜能，按照个人的意愿得到自由而充分的发挥和发展。这种自由而充分的发展意味着人的个性的丰富性和能力的多样性，意味着显示出更强的主动精神和创造力，因而就更为自由。但自由不是主观的任意妄为或仅仅存在于想象中的自由，自由是对必然的认识和对客观世界的改造，因此，人的个性自由或自由发展，是指个人在实践中认识并掌握客体的必然性和自身的必然性，使之为人的目的服务，从而使自己在人类发展中成为真正的主体。人们支配自然的能力是在实践中形成的，并随实践的发展而发展，自由只能是历史发展的产物。同时，人是社会的人，人的自由是受社会关系制约的。在人没有成为社会关系的真正的主人之前，人也就不能成为自然的真正主人。

知识拓展

每个人的全面而自由的发展是社会发展的最终目的。自由的充分实现和人类的彻底解放，是人类从必然王国飞跃到自由王国的标志，也是自由和解放的最高境界。但是，个人的自由发展又必须依赖于集体的行动和社会的发展与解放。只有通过集体行动，只有社会的发展与解放，个人的自由发展才是可能的。同样，个人的自由发展依赖于社会关系和社会制度的变革，而这种变革只有通过集体、社会的行动才能实现。

要正确理解和对待个性自由与社会约束的关系。自由是相对约束而言的，完全摆脱约束、不要任何限制的绝对自由是不可能存在的。自由总是相对的、有条件的，它并不意味着为所欲为、随心所欲。人的自由总是在一定基础上的自由、一定条件下的自由。人可以摆脱和克服某些条件的限制，但不能克服所有条件的限制。一方面，任何个人的个性自由应得到社会和他人的尊重，另一方面，任何人的自由都不能妨害影响别人的自由。任何个人的自由都必须以保证社会的稳定和发展为前提。

马克思关于人的全面自由发展的观点，是为了说明个人在共产主义社会中的状况和地位，说明个人的根本利益与社会利益在共产主义社会能够达到最大的一致和最大的和谐，在个人与社会发生矛盾的时候，仍然要把社会摆在第一位。因此，每个人的全面自由的发展应该自觉地服从于整个人类社会的发展。在今天的现实社会生活中，也必须看到个性自由在人的发展中的重要作用，要大力发扬社会主义民主。宪法规定公民具有言论、出版、结社、游行等自由，鼓励人们的自由发展。但同时要求人们必须在国家法律、法规、纪律、制度和道德的规范下活动，不允许有侵犯他人自由的自由。一个没有制度约束的社会是无政府的社会，一个没有社会约束的个人是无政府主义者。自由与约束是对立统一的。

四、促进人的全面、自由发展、实现美好人生

在人生发展中，面对相同的社会条件，有的人成功了，有的人却失败了；在人生旅程上，人们都会遇到这样那样的困难和坎坷，但结局也各不相同。造成这种差别的内因主要在自己，在于每一个个体的认识、信心和行动，在于自身的选择和发展。美好的人生掌握在自己手中。

人的未来要在自己的努力中把握。每一个人都可以有美好的人生，关键是看自

己如何去做。高位截瘫的人可以成为社会活动家，残疾人在残奥会上可以争金夺银，等等。可见，条条大道通罗马。这也正像一首诗中所写的：“善于奋飞的人天上有路，敢于攀登的人山中有路，勇于远航的人海上有路。你的路——在长空、在峻岭、在大海洋中。”只要在正确的目标下勤奋努力，就能描绘出属于自己的人生，有一首描写人们对待生活波折的诗中说道：“过去，我总抱怨生活，因为脚下的路，坎坷；现在，我却感谢生活，因为难行的路上，风景奇特。”

知识拓展

实现人生全面而自由发展需要诸多条件。马克思主义关于人的自由、全面发展的观点，是与人类解放和共产主义的实现的观点相统一的。人的全面而自由的发展的真正实现，一方面需要社会条件，这就是：消灭私有制和人对人的剥削压迫；社会生产力的高度发达和财富的充分涌流；按需分配的实现等等。另一方面，需要人的主观条件，这就是：人的觉悟、素质和自控能力的极大提升；人的劳动的全面发展；人的社会关系和社会生活的全面丰富，等等。在这样的时代，每个人的自由发展是一切人自由发展的条件。尽管我们现在还达不到这样的程度，但只要我们不断努力，就能不断接近它。

人的全面发展和自由发展是互为前提、互相促进的。实现人的全面、自由发展是社会主义和共产主义的根本价值目标，社会主义不但要提高物质生产力，还要创造条件促进人的全面自由的发展。在现有条件下，个人应树立崇高的理想和远大的目标，努力奋斗，积极推动人的全面、自由发展。

个性自由是指个人的能力和潜能，按照个人的意愿得到自由而充分的发挥和发展。这种自由而充分的发展意味着人的个性的丰富性和能力的多样性，意味着显示出更强的主动精神和创造力，因而就更为自由。但自由不是主观的任意妄为或仅仅存在于想象中的自由，自由是对必然的认识和对客观世界的改造，因此，人的个性自由或自由发展，是指个人在实践中认识并掌握客体的必然性和自身的必然性，使之为人的目的服务，从而使自己在人类

发展中成为真正的主体。人们支配自然的能力是在实践中形成的，并随实践的发展而发展，自由只能是历史发展的产物。同时，人是社会的人，人的自由是受社会关系制约的。在人没有成为社会关系的真正的主人之前，人也就不能成为自然的真正主人。

每个人的全面而自由的发展是社会发展的最终目的。自由的充分实现和人类的彻底解放，是人类从必然王国飞跃到自由王国的标志，也是自由和解放的最高境界。但是，只有社会的发展与解放，个人的自由发展才是可能的。同样地，个人的自由发展依赖于社会关系和社会制度的变革，而这种变革只有通过集体、社会的行动才能实现。

要正确理解和对待个性自由与社会约束的关系。自由是相对约束而言的，完全摆脱约束、不要任何限制的绝对自由是不可能存在的。自由总是相对的、有条件的，它并不意味着为所欲为、随心所欲。人的自由总是在一定基础上的自由、一定条件下的自由。人可以摆脱和克服某些条件的限制，但不能克服所有条件的限制。一方面，任何个人的个性自由应得到社会和他人的尊重，另一方面，任何人的自由都不能妨害影响别人的自由。任何个人的自由都必须以保证社会的稳定和发展为前提。

哲学上把人认识了事物发展的规律性，自觉地运用到实践中去，叫作自由。自由既在于摆脱束缚，超越障碍，又在于自觉自愿地遵照客观必然性去从事创造性的活动。自由是对必然的认识和根据这种认识对必然的改造。

自由与必然是相互依存、相互转化的。自由并不排斥必然，相反，自由立足于必然，以承认必然为前提，以认识和把握必然为内容和目的：必然也不敌视自由，对必然进行认识和把握就可以获得自由。人的解放，就是人不断地在实践的过程中由必然王国迈向自由王国，从而达到全面而自由的发展。

参考文献

［1］杨耕．哲学与人生［M］．北京：北京师范大学出版社，2018.

［2］梁文侠．哲学与人生［M］．北京：中国劳动社会保障出版社，2018.

［3］王霁．哲学与人生［M］．北京：高等教育出版社，2018.

［4］陈先达．哲学与人生［M］．北京：中国青年出版社，2018.

［5］王祥顺，刘盛坤，李秀荣．哲学与人生［M］．成都：电子科技大学出版社，2018.

［6］傅佩荣．哲学与人生：珍藏版［M］．北京：东方出版社，2018.

［7］杨耕．哲学与人生［M］．北京：北京师范大学出版社，2018.

［8］刘向东，梁银书，彭育安．哲学与人生［M］．武汉：湖北科学技术出版社，2017.

［9］吴韩丽，刘岳．哲学与人生［M］．北京：北京邮电大学出版社，2017.

［10］王艳春．哲学与人生［M］．北京：科学出版社，2016.

［11］张艳红．哲学与人生［M］．北京：人民卫生出版社，2017.